M. Françon

HOLOGRAPHIE

Übersetzt und bearbeitet von I. Wilmanns

Mit 139 Abbildungen

Springer-Verlag Berlin Heidelberg New York 1972

Professor Dr. Maurice Françon
Institut d'Optique, Université de Paris

Dr. Ingo Wilmanns
Brühl über Köln

Titel der französischen Originalausgabe: Holographie
© Masson & Cie, Editeurs, Paris, 1969

ISBN-13: 978-3-540-05592-1   e-ISBN-13: 978-3-642-87010-1
DOI: 10.1007/978-3-642-87010-1

Inhaltsverzeichnis

Kapitel 3

Bildentstehung in der Holographie

Kapitel 4

Holographie mit dem Computer

Kapitel 5

Optisches Filtern und Formenerkennung

Einleitung

Die Holographie ist durch ihre Entwicklungen und durch ihre Anwendungen einer der wichtigsten Zweige der modernen Optik geworden. Mit ihrer Hilfe können einfache und zugleich elegante Experimente durchgeführt werden, die große Möglichkeiten eröffnen. Die Rekonstruktion von dreidimensionalen und von farbigen Bildern, die einen vollkommenen räumlichen Eindruck vermitteln, ist sicher eine der eindrucksvollsten Errungenschaften der Holographie, aber man sollte darüber nicht die bemerkenswerten Resultate vergessen, die auf zahlreichen anderen Gebieten erzielt wurden, besonders in der Interferometrie, wo sie es erlaubt, Wellen, die zu verschiedenen Zeiten aufgezeichnet wurden, miteinander interferieren zu lassen. Wohlgemerkt, die grundlegenden Prinzipien sind hier nicht in Frage gestellt, da bei jeder Aufnahme die photographische Schicht das Licht empfängt, das das Objekt durchdrungen hat, nebst einem kohärenten Untergrund. Nach der Entwicklung ist die von dem Negativ durchgelassene Amplitude proportional zur ursprünglichen Beleuchtung, die das Produkt der Amplitude, die das Objekt durchsetzt hat, mit der Amplitude des kohärenten Untergrundes in Erscheinung treten läßt. Wenn man mehrere Aufnahmen mit dem gleichen kohärenten Untergrund und der gleichen Belichtungsdauer macht, kann das Negativ eine durchgelassene Amplitude ergeben, die der Summe der den einzelnen Aufnahmen entsprechenden Amplituden gleich ist. Wenn das Negativ beleuchtet wird, ist es möglich, diese einzelnen Amplituden, obwohl sie zu verschiedenen Zeiten aufgezeichnet wurden, miteinander interferieren zu lassen.

Die Möglichkeit, zum ersten Male beliebige streuende Objekte durch Interferometrie zu untersuchen, stellt vielleicht eine der interessantesten Möglichkeiten der Holographie dar. Das Hologramm eines streuenden dreidimensionalen Objektes ergibt ein Bild, das mit dem Objekt selbst zur Koinzidenz gebracht wird. Objekt und Hologramm werden wie zur Zeit der Aufnahme beleuchtet. Das Bild kommt mit dem Objekt zur Interferenz, und wenn dieses deformiert wird, besteht keine Koinzidenz mehr, wodurch eine Änderung des Gangunterschiedes bewirkt wird und sich Interferenzstreifen zeigen, die für die Deformation charakteristisch sind.

Die Holographie findet auch sehr wichtige Anwendungen in der Mikroskopie. Stellen wir uns vor, daß das Hologramm mit einer Wellenlänge λ aufgenommen und mit einer Wellenlänge λ' beobachtet wurde. Das Bild ist im Verhältnis λ'/λ vergrößert. Wenn die Aufzeichnung mit Röntgenstrahlen und die Betrachtung mit sichtbarem Licht erfolgte, kann man Ergebnisse erzielen, die mit denen der Elektronenmikroskopie vergleichbar sind. Ein solches Mikroskop ist aber noch der Zukunft vorbehalten.

Die Holographie ist nicht auf die Optik beschränkt, und die Entwicklungen in der Akustik lassen wichtige Anwendungen, besonders auf den Gebieten der Medizin, der Geophysik und selbst der Archäologie erwarten. Wir haben ferner Anwendungen der Holographie auf Radarauswertungen angeführt.

Bei der Abfassung dieser Einführung in die Holographie erschien es uns nützlich, zunächst einige grundlegende Begriffe, vor allem die der räumlichen und zeitlichen Kohärenz, ins Gedächtnis zurückzurufen. Im zweiten Kapitel bringen wir dann die Grundlagen der Holographie und ihrer Anwendungen, ohne irgendeine mathematische Ableitung einzuführen. Wir hoffen, daß unter diesen Umständen die beiden ersten Kapitel das Begreifen des physikalischen Mechanismus der Holographie erleichtern werden. Im dritten Kapitel werden wir die grundlegenden Phänomene mit Hilfe der Theorie der Interferenzen und der Diffraktion von neuem untersuchen. Das vierte Kapitel befaßt sich mit den Anwendungen von Computern auf die Holographie, während das letzte Kapitel dem Studium der optischen Filterung und der Formenerkennung gewidmet ist.

Die Anzahl der Forscher, die grundlegende Arbeiten über Holographie veröffentlicht haben, ist so groß, daß es uns unmöglich erschien, sie im Text zu erwähnen, und wir bitten, dies zu entschuldigen. Die Referenzen, die auf manchen Seiten unten aufgeführt sind, geben nicht das gesamte Quellenmaterial über die Fragen, auf die sie sich beziehen. Diese Referenzen sollen nur dazu dienen, den Leser anzuleiten.

<table>
<tr><td>Paris · Brühl
im Februar 1972</td><td style="text-align:right">M. FRANÇON
I. WILMANNS</td></tr>
</table>

Kapitel 1

Grundlagen

1.1. Die Amplituden- und Phasenänderungen einer Lichtwelle

Betrachten wir ein Objekt A, das durch ein Bündel paralleler Strahlen beleuchtet wird (Fig. 1.1). Das Objekt A ist eine Glasplatte konstanter Dicke, deren Durchlässigkeit von Punkt zu Punkt verschieden ist. Dies ist z.B. eine photographische Platte, die das Bild einer Landschaft zeigt. Die Lichtamplitude ist für alle Punkte der einfallenden ebenen Welle Σ_0 gleich. Dies ist nicht mehr der Fall nach dem Durchgang des Lichtes durch das Objekt A. Für jeden Punkt der durchgelassenen

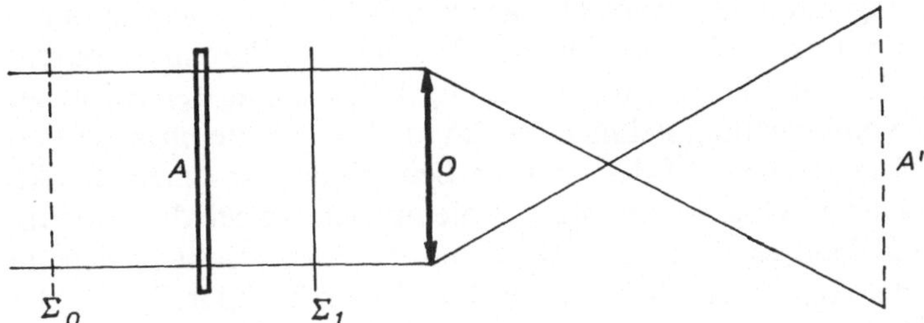

Fig. 1.1. Die von einem mehr oder weniger absorbierenden Objekt A durchgelassene Welle Σ_1

Welle Σ_1 ist die Amplitude verschieden in Funktion der Durchlässigkeit des Objektbereiches, der von der Welle durchdrungen wurde. Wenn man in A' mit Hilfe des Objektives O, das als fehlerfrei angenommen wird, ein Bild von A entstehen läßt, so ist an einem beliebigen Punkt des Bildes A' die Amplitude gleich der Amplitude in dem entsprechenden Punkt des Objektes A. Das Objekt A, genannt Amplitudenobjekt, beeinflußt die Amplitude der durchgehenden Welle. Zur Beobachtung läßt man das Bild A' auf einem Empfänger entstehen, z.B. auf einer photographischen Platte, die sich am Orte A' befindet, oder man läßt ein neues Bild von A' auf der Retina mit Hilfe eines beliebigen optischen Systems entstehen, das nicht in der Fig. 1.1 gezeigt wird. In jedem Falle ist der Empfänger, sei es nun die Retina, eine photographische Platte, ein lichtempfindlicher Sekundärelektronenvervielfacher und dergleichen, nur für die Intensität empfindlich, d.h. für das Quadrat der Lichtamplitude.

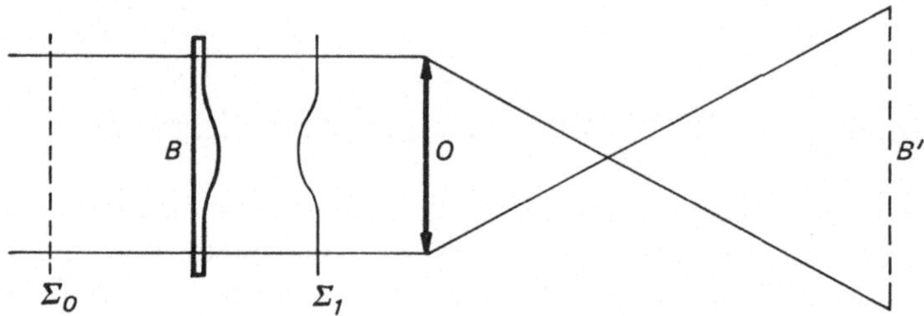

Fig. 1.2. Die von einem Phasenobjekt B durchgelassene Welle

Wir wollen nun das Amplitudenobjekt A durch ein Objekt B (Fig. 1.2) ersetzen, das nicht mehr durch die Amplituden- (oder Intensitäts)änderungen, die es verursacht, gekennzeichnet ist, sondern durch seine Dickenunterschiede. Das Objekt B ist eine vollkommen durchlässige Glasplatte mit konstantem Brechungsindex n, aber verschiedener Dicke. Zur Vereinfachung nehmen wir an, daß eine Seite eben sei und sich die Deformationen auf der anderen Seite finden. In einem Punkt, an dem die Dicke e (Fig. 1.3) beträgt, ist die optische Dicke das Produkt des Brechungsindexes n mit der Dicke $e = n e$. Der Strahl (1) legt in der Platte den optischen Weg $n e$ zurück. Wenn HJ parallel zu der ebenen Seite der Platte ist, dann durchdringt der Strahl (2) ein anderes Gebiet von der Dicke e_0 und legt in der Platte den optischen Weg $n e_0$ und in der Luft den Weg $IJ = e - e_0$ zurück. Der Unterschied zwischen den optischen Wegen der Strahlen (1) und (2), man spricht auch von dem Gangunterschied zwischen den Strahlen (1) und (2), beträgt:

$$\delta = n e - [n e_0 + e - e_0] = (n-1)(e - e_0). \tag{1.1}$$

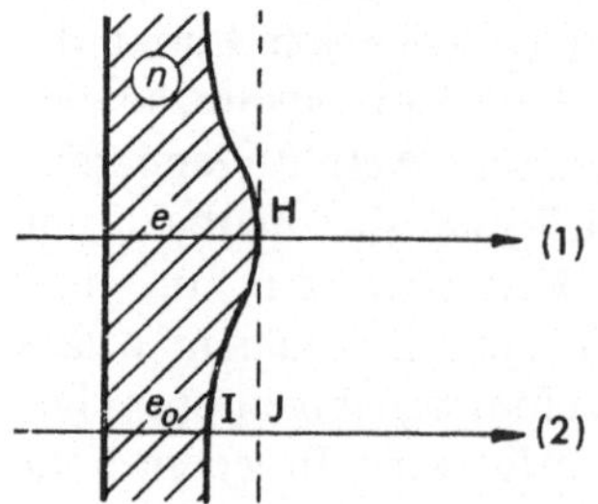

Fig. 1.3. Der Unterschied zwischen den optischen Wegen der Strahlen (1) und (2) ist gleich $(n-1)(e-e_0)$

Wenn das Parallelstrahlenbündel von einer monochromatischen Lichtquelle der Wellenlänge λ ausgeht, dann entsprechen den Veränderungen des Gangunterschiedes δ, hervorgerufen durch die Unregelmäßigkeiten der Platte, die Phasenunterschiede $\varphi = 2\pi\,\delta/\lambda$. Nach dem Durchdringen des Objektes B bleibt die Amplitude der Welle unverändert, da das Objekt vollkommen durchlässig ist, aber die Welle Σ_1 ist durch die Phasenunterschiede im Objekt B (Fig. 1.2) deformiert worden. Die Welle eilt in den Gebieten, die den kleinen optischen Weglängen entsprechen, vor und bleibt in den Gegenden großer optischer Weglänge zurück. Das Objekt B, auch Phasenobjekt genannt, beeinflußt die Phase der durchgehenden Welle, ohne ihre Amplitude zu verändern.

Wenn man in B' ein Bild von B mit Hilfe des Objektes O entstehen läßt, dann ist die Amplitude (oder die dem Amplitudenquadrat gleiche Lichtintensität) in allen Punkten des Bildes B' gleich, nur die Phase ändert sich. Da alle Empfänger, das Auge, die photographische Platte, der lichtempfindliche Sekundärelektronenvervielfacher usw. nicht auf Phasenunterschiede ansprechen, ohne Rücksicht auf die Beobachtungsmethode, erscheint das Bild B' einheitlich.

1.2. Kann man die Phasenunterschiede eines transparenten Objektes sichtbar machen? *

Seit geraumer Zeit ist man imstande, Phasenunterschiede aufzuzeichnen und sichtbar zu machen, z.B. die Veränderungen des Brechungsindex oder Dickenunterschiede einer durchlässigen Glasplatte. Wir führen die beiden wichtigsten Methoden an: die Interferenzen und den Phasenkontrast. Betrachten wir ein Michelson-Interferometer (Fig. 1.4). Es besteht aus einer Teilerplatte G, die unter einem Winkel von 45° gegen die einfallende Strahlung geneigt ist, und aus zwei Planspiegeln M_1 und M_2. Wir stellen die Spiegel M_1 und M_2 so auf, daß sie zueinander senkrecht und unter 45° zu der Teilerplatte stehen. Das Michelson-Interferometer wird durch eine punktförmige Lichtquelle im Brennpunkt eines Objektivs O beleuchtet. Die Lichtquelle S strahlt monochromatisches Licht der Wellenlänge λ aus. Zur Vereinfachung betrachten wir nun den Strahl, der in der optischen Achse des Objektivs O verläuft und zu M_2 normal ist. Im Punkt I teilt er sich in zwei Strahlen, von denen einer zunächst von G und dann von M_1 reflektiert wird, auf sich selbst zurückkehrt, im Punkt I durch G hindurchtritt und in der Richtung IT austritt. Dies ist der Strahlenverlauf (1). Der andere Strahl tritt in I durch G hindurch, wird von M_2 reflektiert, kehrt auf sich selbst zurück, wird in I auf G reflektiert und tritt entlang IT aus.

---

* Literaturverzeichnis 348.

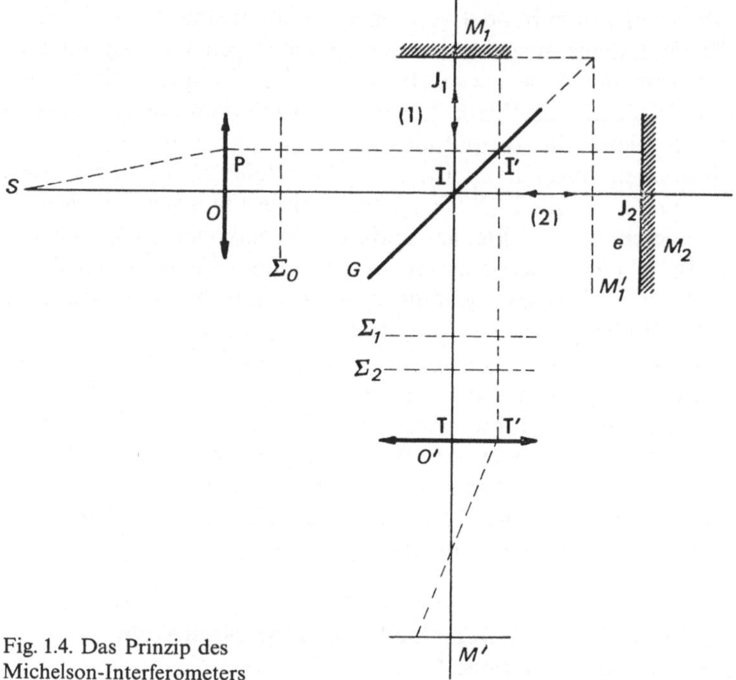

Fig. 1.4. Das Prinzip des
Michelson-Interferometers

Dies ist der Strahlenverlauf (2). Aus dem Objektiv O tritt eine ebene
Welle aus, die sich in zwei ebene Wellen teilt, wenn die Strahlen auf
G treffen. Die eine dieser beiden Wellen folgt dem Strahlenverlauf (1)
und tritt aus als Σ_1, die andere folgt (2) und tritt aus als Σ_2. Wenn M_1
und M_2 bezogen auf G symmetrisch sind, so fallen Σ_1 und Σ_2 zusammen.
Wenn der zu M symmetrische M_1', bezogen auf G, sich in einer Entfernung e von M_2 findet, dann ist die Entfernung von Σ_1 gleich $2e$.
Man sagt, daß der Gangunterschied der Strahlen, die dem Verlauf (1)
oder (2) folgen, gleich $\delta = 2e$ ist.

Die Lichtwellen, die von dem Strahl IJ_1IT transportiert werden,
interferieren mit den Lichtwellen, die von dem Strahl IJ_2IT transportiert
werden. Der Gangunterschied dieser zwei Strahlen beträgt $\delta = 2e$, und
nach den Grundgesetzen der Interferenz ist die Intensität in einem
beliebigen Punkt von IT proportional zu $\cos^2 \dfrac{\pi \delta}{\lambda}$. Die Resultate sind
die gleichen für einen beliebigen Strahl, wie z. B. PI′, der in I′ zwei Strahlen
entstehen läßt, die den zwei Wegen von Typ (1) und von Typ (2) folgen.
Diese beiden Strahlen treten, einander überlagert, in Richtung I′T′ aus,

und der Gangunterschied der Lichtwellen, die sie mit sich führen, ist noch immer $\delta = 2e$. Welchen Bereich von M_1 (oder M_2) man auch immer betrachtet, der Gangunterschied bleibt konstant. Wir bilden M_1 (oder M_2) in M′ mit Hilfe des Objektivs O ab. Die Entfernung e ist stets klein und wir können annehmen, daß die beiden Abbildungen von M_1 und M_2 praktisch genau in M′ abgebildet werden. Da der Gangunterschied konstant ist, ist die Intensität im Bilde M′ proportional zu $\cos^2 \dfrac{\pi \delta}{\lambda}$ überall die gleiche. Wir haben ein einheitliches Bild. Wohlgemerkt, wenn M_1 (oder M_2) parallel zu sich selbst verschoben wird, so verändert sich e und damit δ und ebenso die Intensität im Bilde M′, aber für jeden Wert von e ist die Intensität die gleiche über das gesamte Bild. Wir haben ein einheitliches Bild, dessen Intensität sich gleichzeitig überall in der gleichen Weise ändert.

Wir bringen jetzt ein Phasenobjekt, nämlich ein Objekt, das die Phase ändert, in das Interferometer. Dies ist z.B. eine durchlässige Glasplatte B (Fig. 1.5) von konstantem Brechungsindex und variabler Dicke. Das Objekt wird entweder in den Strahlenverlauf (1) oder (2) eingeführt. Im Falle der Fig. 1.5 ist es zwischen G und M_2 gebracht worden. Die Welle, die dem Verlauf (1) gefolgt ist, tritt entsprechend Σ_1 aus. Die Welle hingegen, die dem Verlauf (2) gefolgt ist, hat zweimal das Objekt B passiert und tritt entsprechend Σ_2 aus. Die Welle Σ_2 ist durch das Phasenobjekt B deformiert worden, wie wir bereits im Abschnitt 1.1 gesehen haben.

Betrachten wir z.B. den Strahl SO entlang der optischen Achse des Objektivs O. Er durchdringt B in J, wobei e die Dicke von B in diesem

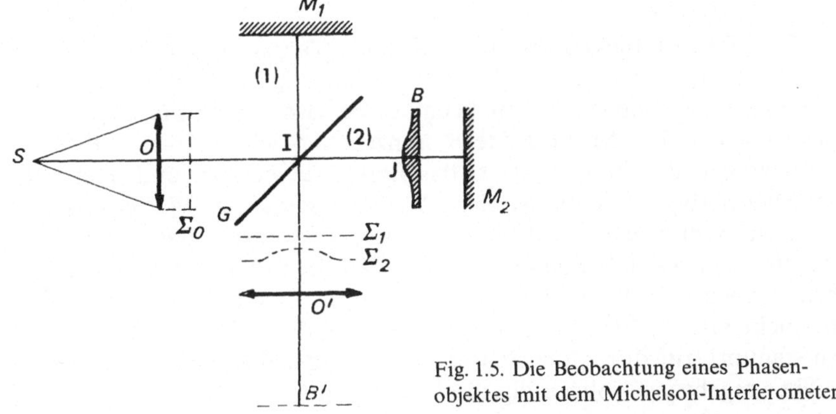

Fig. 1.5. Die Beobachtung eines Phasenobjektes mit dem Michelson-Interferometer

Punkt sein soll. Wenn M_1 und M_2 symmetrisch zu G sind, dann beträgt der Gangunterschied zwischen dem Strahl, der B in J durchdringt, und dem entsprechenden Strahl, der dem Verlauf (1) folgt:

$$\delta = 2(n-1)\,e \qquad\qquad (1.1\,\text{a})$$

beim Verlassen des Interferometers. Der Faktor 2 rührt von dem doppelten Durchgang durch das Objekt B her. Der Gangunterschied ändert sich in B von einem Punkt zum andern und wird durch die Differenz zwischen Σ_1 und Σ_2 dargestellt. In dem gleichen Bild B' von B, das durch das Objektiv O' hervorgerufen wird, ändert sich die Intensität proportional zu $\cos^2 \dfrac{\pi\,\delta}{\lambda}$. Die Phasenunterschiede des Objektes B, d.h. der Welle Σ_2, sind sichtbar geworden.

Eine zweite Methode, die es erlaubt, Phasenunterschiede in Intensitätsunterschiede zu überführen, ist die Methode des Phasenkontrastes, die wir kurz ins Gedächtnis zurückrufen wollen (Fig. 1.6).

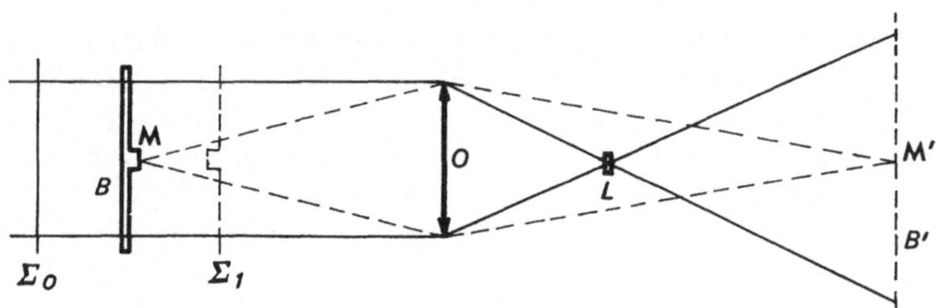

Fig. 1.6. Die Beobachtung eines Phasenobjektes mit der Phasenkontrastmethode

Das Phasenobjekt B besteht aus einer planparallelen Platte B, die eine kleine, in M gelegene Dickenabweichung zeigt. Dieser in M gelegene, die Phase verschiebende Teil beugt Licht, das durch das Objektiv O gesammelt und in M' im Bilde B' konzentriert wird. Da das Objekt B vollkommen durchlässig ist, ist das Bild B' einheitlich und man sieht die Dickenabweichung in M nicht. Wir wissen, daß die Phasenverschiebung in M in eine Intensitätsänderung in M' transformiert wird, wenn wir eine sehr schmale Phasenplatte L in den Brennpunkt des Objektivs O bringen, wo sich das Bild der punktförmigen Lichtquelle befindet. Das beleuchtende Licht, das dem parallelen, einfallenden Strahlenbündel entstammt, tritt durch die Phasenplatte L, aber das durch M gebeugte Licht umgeht fast vollständig die Phasenplatte.

Es sei m die Amplitude des gebeugten Lichtes in M' und b die Amplitude des beleuchtenden Lichtes, die sich über das ganze Bild B' verteilt. Wir nehmen an, daß die optische Dicke des Objektteils M klein sei. Dieser Objektteil beugt also nur wenig Licht und die Amplitude m ist klein, verglichen mit der Amplitude b. m^2 ist deshalb vernachlässigbar.

Die Theorie zeigt, daß, wenn die optische Dicke des Objektteils M klein ist, die Wirkung für das beleuchtende Licht so ist, als ob das Objektteil M nicht existierte. Wir finden also im Bilde B':

a) einen gleichmäßigen Hintergrund, hervorgerufen durch das beleuchtende Bündel;

b) das von M gebeugte und in M' konzentrierte Licht.

Die Theorie zeigt schließlich, daß die Schwingungen des gebeugten Lichtbündels in Quadratur zu den Schwingungen des beleuchtenden Lichtbündels sind.

Die elementaren Gesetze der Interferenz zeigen also, daß, ohne die Phasenplatte, das durch M gebeugte Licht sich in der Intensität dem direkten Licht im Bilde B' addiert. Die Intensität in M' ist $m^2 + b^2$, d.h. praktisch gleich b^2, da m^2 vernachlässigbar ist. Neben dem Bilde M' ist die Intensität ebenfalls gleich b^2 und das Bild M' des die Phase verschiebenden Objektes M bleibt unsichtbar. Indem wir der Phasenplatte L eine passende optische Dicke geben, können wir erreichen, daß das gebeugte und das beleuchtende Licht in Phase sind. Unter dieser Bedingung ist die Intensität in M' gleich dem Quadrat der Summe der Amplituden $(m+b)^2$ und nicht mehr gleich der Summe $m^2 + b^2$. Wenn wir jedoch weiterhin m^2 vernachlässigen, haben wir jetzt

$$(m+b) \simeq b^2 + 2mb. \tag{1.2}$$

Die Intensität in M' ist also von der Intensität im übrigen Feld verschieden. Das Bild des die Phase verschiebenden Objektteils M' wird sichtbar. Dank der Phasenplatte L haben wir die Phasenverschiebung in M in eine Intensitätsverschiebung im Bilde M' verwandelt. Wir sehen, daß wir im Falle der Interferenzen (Fig. 1.5) die Phasenverschiebungen dank der Interferenz der nicht gestörten Welle Σ_1 mit der Welle Σ_2, die durch das Objekt B hindurchgegangen ist, registrieren können. Wir sagen, daß die Welle Σ_1 einen „kohärenten Untergrund" darstellt.

In gleicher Weise können wir im Falle des Phasenkontrastes (Fig. 1.6) die Phasenverschiebung in M dank der Interferenz des beleuchtenden Bündels, das durch die Phasenplatte hindurchgegangen ist, mit dem durch M gebeugten Licht registrieren. Das beleuchtende Bündel, das sich in B' über das Bild erstreckt, stellt ebenfalls einen „kohärenten Untergrund" dar. Die wichtige Schlußfolgerung aus diesen beiden

Experimenten ist die folgende: *wir können die Phasenverschiebungen einer Welle nur dadurch registrieren, daß wir diese Welle mit einer zweiten kohärenten Welle zur Interferenz bringen.*

1.3. Räumliche Kohärenz *

In den vorhergehenden Versuchen haben wir eine monochromatische, punktförmige Lichtquelle betrachtet. Es ist offensichtlich, daß es in Wirklichkeit weder punktförmige noch monochromatische Lichtquellen gibt, und es ist notwendig, diese Begriffe zu präzisieren.

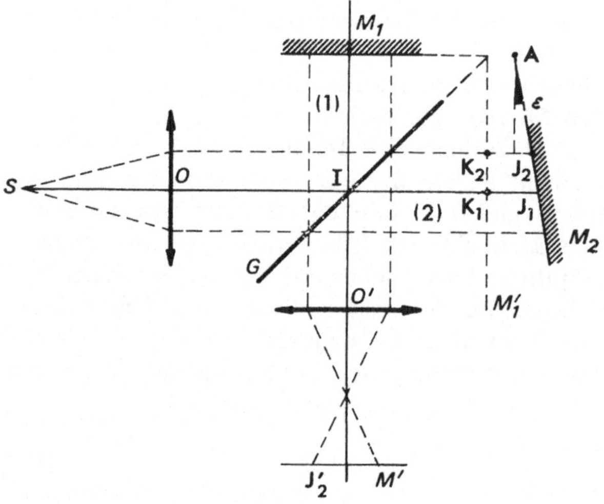

Fig. 1.7. Interferenzen gleicher Dicke eines Luftkeils ε, mit dem Michelson-Interferometer beobachtet

Betrachten wir noch einmal das Michelson-Interferometer (Fig. 1.7), das von einer idealen, punktförmigen und monochromatischen Lichtquelle S beleuchtet wird. Wir neigen den Spiegel M_2 um einen sehr kleinen Winkel ε, so daß er nicht mehr in einer parallelen Ebene mit dem symmetrischen Bild M'_1 von M_1 liegt. In der Fig. 1.7 nehmen wir an, daß die Planspiegel M_1 und M_2 senkrecht zur Bildebene sind. Die Neigung von M_2 erfolgt um eine Achse, die senkrecht zur Bildebene ist und diese im Punkt A durchstößt.

---

* Literaturverzeichnis 14.

Betrachten wir den Strahl SO in Richtung der optischen Achse des Objektivs O. Er wird in J_1 vom Spiegel M_2 reflektiert und durchdringt M_1' in K_1. Da ε sehr klein ist, können wir annehmen, daß der in J_1 reflektierte Strahl praktisch auf sich selbst reflektiert wird. Der Gangunterschied zwischen dem Strahl, der in J_1 reflektiert wird, und dem entsprechenden Strahl, der den Weg (1) zurückgelegt hat, ist deshalb $\delta = K_1 J_1$. Für einen anderen Strahl, der in J_2 ankommt, ist der Gangunterschied zwischen diesem und einem Strahl, der den Weg (1) zurückgelegt hat: $\delta = 2\overline{K_2 J_2}$. Wenn $K_2 J_2 = e$ ist, dann ist der Gangunterschied $\delta = 2e$. Wir bilden M_2 (oder M_1) auf M' mit Hilfe eines Objektivs O' ab. Nehmen wir an, daß die beiden Spiegel den gleichen Reflexionsfaktor haben. Aufgrund der Interferenzen im Punkt J_2', der J_2 konjugiert ist, finden wir eine Intensität I, die bis auf einen konstanten Faktor durch den Ausdruck gegeben ist:

$$I = \cos^2 \frac{\pi \delta}{\lambda} = \cos^2 \frac{2\pi e}{\lambda}. \tag{1.3}$$

Entlang M', in einer Richtung parallel zur Bildebene, verändert sich die Intensität wie $\cos^2 x$ (Fig. 1.8). Wohlgemerkt, die Intensität ändert sich nicht in einer Richtung senkrecht zur Ebene der Fig. 1.7, da $\overline{K_2 J_2}$

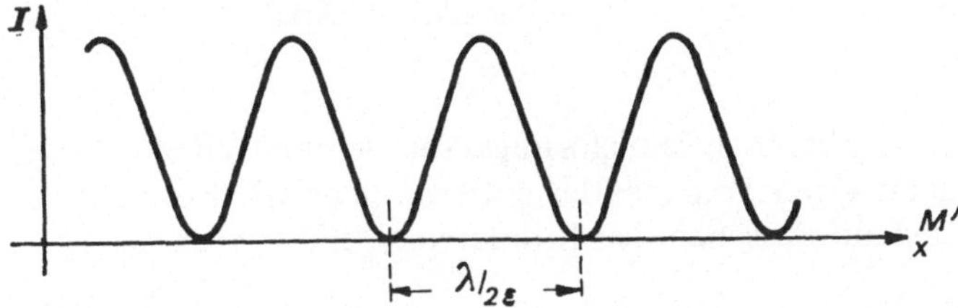

Fig. 1.8. Struktur der Interferenzstreifen gleicher Dicke eines Luftkeils ε bei senkrechtem Einfall

entlang dieser Richtung konstant bleiben. Wir haben deshalb sinusförmige Interferenzstreifen, die senkrecht zur Ebene der Fig. 1.7 gerichtet sind, mit Veränderungen der Intensität in einer senkrechten Richtung, die durch (1.3) gegeben sind und in Fig. 1.8 gezeigt werden. Nehmen wir den Punkt A als Ursprung und setzen $\overline{J_2 A} = x$. Wir finden $e = \varepsilon x$ und die Gl. (1.3) zeigt, daß die Entfernung, die zwei aufeinanderfolgende Maxima (oder zwei aufeinanderfolgende Minima) trennt, gleich $\lambda/2\varepsilon$ ist. Es scheint so, als ob die Strahlen von M_1' und M_2 reflektiert worden wären, d.h. von einem „Luftkeil" vom Winkel ε.

Was wird aus diesen Interferenzstreifen, wenn sich die punktförmige Quelle in S′ befindet, statt in S (Fig. 1.9)? Der Strahl, der von S′ kommt und nach J_2 geht, fällt unter dem Winkel i auf $M_1′$ auf. Eine einfache Rechnung zeigt, daß der Gangunterschied nicht mehr $\delta = 2e$ ist, sondern $\delta = 2e \cos i$. *Der Gangunterschied nimmt ab* und im Bilde $M′$ ist die Intensität I durch

$$I = \cos^2 \frac{\pi \delta}{\lambda} = \cos^2 \left(\frac{2\pi e \cos i}{\lambda} \right) \tag{1.4}$$

gegeben.

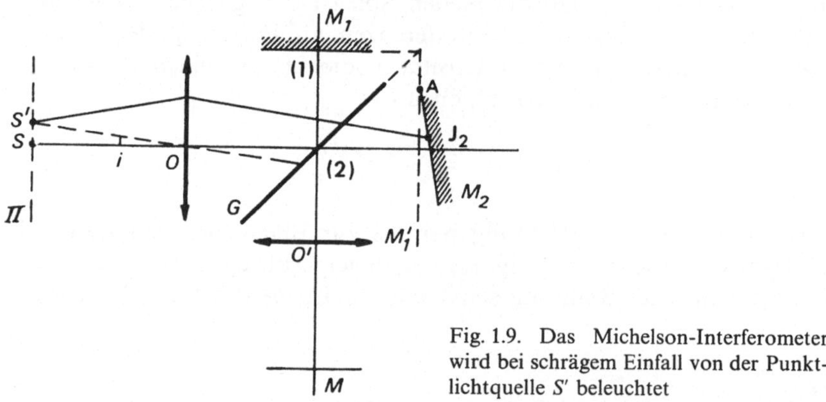

Fig. 1.9. Das Michelson-Interferometer wird bei schrägem Einfall von der Punktlichtquelle S′ beleuchtet

Die Quelle $S′$ ergibt noch sinusförmige Interferenzstreifen, analog zu denen in S, aber weiter voneinander entfernt, denn die Formel (1.4) zeigt, daß der Abstand zwischen den Interferenzstreifen gleich ist

$$\frac{\lambda}{2\varepsilon \cos i} > \frac{\lambda}{2\varepsilon}$$

(Fig. 1.10).

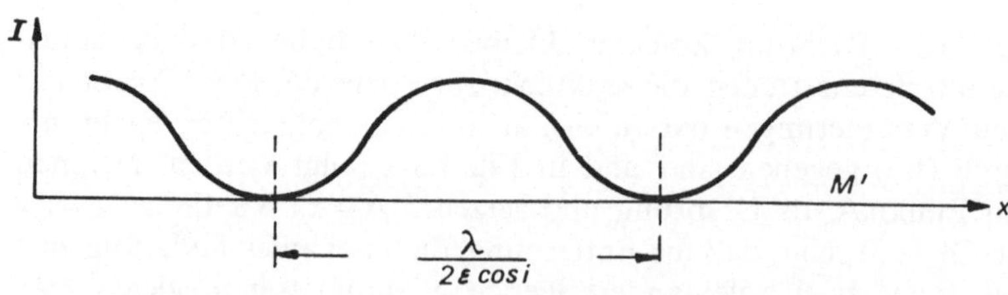

Fig. 1.10. Struktur der Interferenzstreifen gleicher Dicke eines Luftkeils ε unter dem Einfallswinkel i

Stellen wir uns vor, daß S und S' gleichzeitig wirksam werden: es sind zwei voneinander unabhängige Quellen, wir werden sagen, inkohärent, und die Phänomene, die von ihnen herrühren, addieren ihre Intensitäten. Im Bilde M' müssen wir die Intensitätsverteilungen, die durch die Kurven der Fig. 1.8 und 1.10 gegeben sind, summieren. Da die Interferenzstreifen, die den beiden Phänomenen entsprechen, nicht den gleichen Abstand voneinander haben, werden die Maxima und Minima nicht an den gleichen Orten erscheinen. Das Phänomen, das von S und S' gemeinsam hervorgerufen wird, ist weniger klar ausgeprägt, als wenn beide Quellen einzeln zur Wirkung kommen.

Wir wollen jetzt eine ausgebreitete Lichtquelle betrachten, die aus einer großen Anzahl von Einzelquellen, wie S und S', besteht und in einer Ebene π gelegen ist (Fig. 1.9). Diese punktförmigen Lichtquellen sind z. B. die Atome der Lichtquelle. Wenn die Lichtquelle eine sehr kleine Ausdehnung hat, kann es vorkommen, daß für alle Atome der Lichtquelle $\cos i$ praktisch gleich 1 ist. Unter diesen Bedingungen unterscheidet sich die Gl. (1.4) nicht von der Gl. (1.3). Alle Atome der Lichtquelle ergeben das gleiche Phänomen. Das resultierende Phänomen, das die Summe der Intensitäten von allen Phänomenen darstellt, die von den einzelnen Atomen herrühren, ist das gleiche wie das von einem einzelnen Atom hervorgerufene, aber es ist offensichtlich viel lichtstärker. Die Interferenzstreifen sind deshalb vollkommen scharf in M'. Dies bedeutet, daß die Beleuchtung *räumlich kohärent* ist. Wenn wir den Durchmesser der Lichtquelle vergrößern, so werden wir den Punkt erreichen, wo $\cos i$ nicht mehr gleich 1 ist, und alle Atome der Lichtquelle geben nicht mehr genau das gleiche Phänomen. Die Interferenzstreifen überlagern sich in M' und die Erscheinung ist weniger klar. Dies bedeutet, daß die Beleuchtung *räumlich partiell kohärent* ist. Wenn wir fortfahren, den Durchmesser der Lichtquelle zu vergrößern, so werden wir schließlich eine sehr große Anzahl von Phänomenen haben, die sehr verschieden sind. Die Überlagerung wird vollständig sein und wir werden keine Interferenzstreifen mehr auf dem Bilde M' sehen, welches einheitlich geworden ist. Dies bedeutet, daß die Beleuchtung *räumlich inkohärent* ist.

Wenn wir also eine monochromatische Lichtquelle betrachten, so hängt die Kohärenz der Beleuchtung von den Dimensionen der Lichtquelle ab.

Wenn die Ausdehnung der Lichtquelle klein genug ist, so daß die Interferenzstreifen ganz scharf sind, *ist die Beleuchtung kohärent.*

Wenn die Ausdehnung der Lichtquelle vergrößert wird, so nimmt die Sichtbarkeit der Interferenzstreifen ab und die Beleuchtung wird *partiell kohärent.*

Schließlich, wenn die Dimensionen der Lichtquelle so groß werden, daß die Interferenzstreifen verschwinden, *ist die Beleuchtung inkohärent.*

1.4. Zeitliche Kohärenz *

In der elektromagnetischen Theorie senden die Atome einer Lichtquelle Wellenzüge aus, die nicht unbegrenzt sind. Die Emission erfolgt in Wellenzügen und es existiert eine Beziehung zwischen der Länge der Wellenzüge und der spektralen Zusammensetzung des ausgesendeten Lichtes. Je länger die Wellenzüge sind, um so schmaler ist das Spektrum: dies zeigt die Fig. 1.11. Die Wellenzüge sind als Sinuswellen dargestellt. Auf der rechten Seite der Fig. 1.11 zeigen die Kurven die spektrale

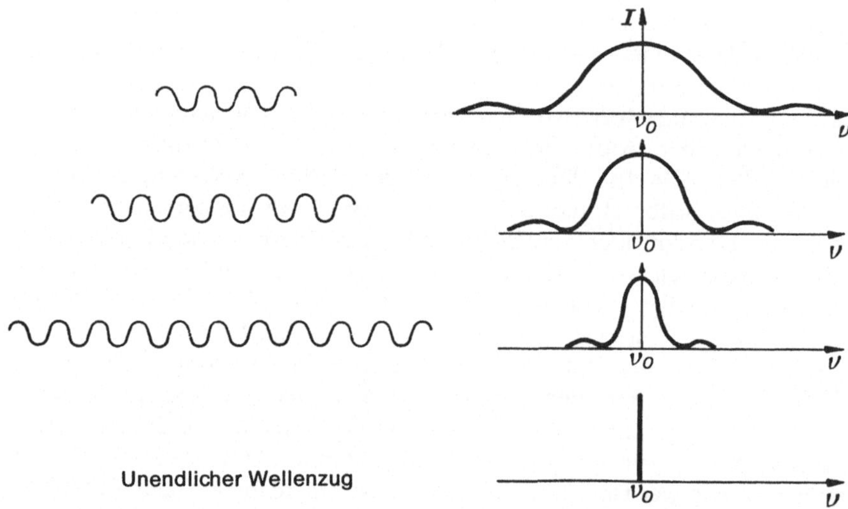

Fig. 1.11. Die Beziehungen zwischen der Länge der Wellenzüge und dem Spektrum des ausgestrahlten Lichtes

Zusammensetzung des Lichtes, das den Wellenzügen entspricht. Die Frequenz ν_0 ist die mittlere Frequenz des ausgestrahlten Spektrums. An der theoretischen Grenze würden wir für einen unendlichen Wellenzug die Ausstrahlung einer monochromatischen Strahlung der Frequenz ν_0 finden.

---

* Literaturverzeichnis 14.

Betrachten wir ein Michelson-Interferometer (Fig. 1.12), das durch eine ausreichend kleine Lichtquelle beleuchtet wird, so daß die Beleuchtung als *räumlich kohärent* angesehen werden kann. Die Quelle S strahlt nicht-monochromatisches Licht aus und wir zeigen einen Wellenzug, der sich zwischen O und I befindet. Dieser Wellenzug teilt sich in I in zwei Wellenzüge, deren einer den Weg (1) und der andere den Weg (2) zurücklegt. Wenn der Spiegel M_2 die Position, die auf der Fig. 1.12 gezeigt ist, einnimmt, dann durchläuft der Wellenzug, der dem Weg (2) folgt, einen etwas längeren Weg als der Wellenzug auf dem Wege (1). Diese beiden Wellenzüge sind beim Austreten aus dem Interferometer gezeigt: der Wellenzug, der den Weg (1) zurückgelegt hat, ist als durchgehende Linie gezeigt, während der, welcher dem Weg (2) gefolgt ist, punktiert gezeigt wird. Die Verschiebung zwischen diesen beiden Wellenzügen ist gleich dem Gangunterschied $\delta = 2e$, der durch das Interferometer hervorgerufen wird. Wenn δ viel kleiner ist als die Länge der beiden Wellenzüge, so sind diese beiden einander praktisch überlagert und können interferieren. Die Interferenzerscheinungen sind ganz scharf und wir sprechen von *zeitlicher Kohärenz*.

Wir vergrößern nun den Gangunterschied, d. h., wir entfernen M_2 von M_1'. Beim Verlassen des Interferometers überdecken sich die beiden Wellenzüge immer weniger und infolgedessen werden die Interferenzerscheinungen immer unschärfer.

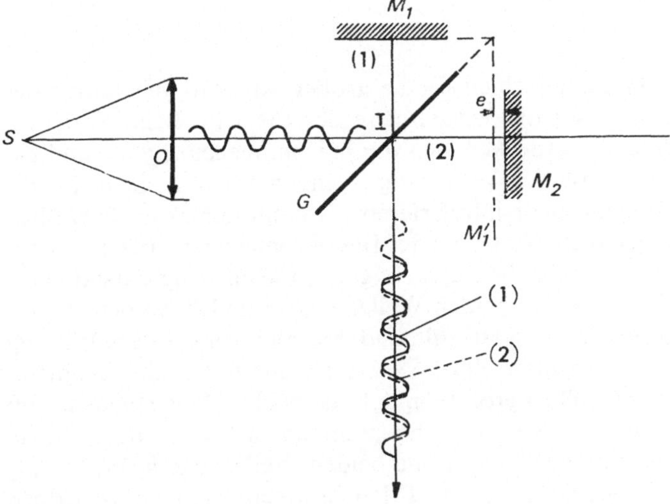

Fig. 1.12. Wenn der Gangunterschied $\delta = 2e$ kleiner ist als die Länge der von S ausgestrahlten Wellenzüge, überschneiden sich die zwei Wellenzüge, die die Wege (1) und (2) zurückgelegt haben. Die Interferenzen sind sichtbar

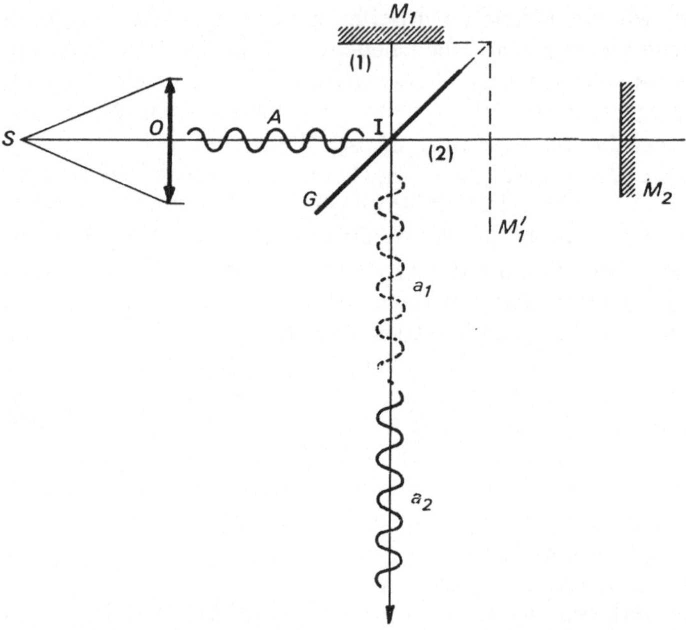

Fig. 1.13. Wenn der Gangunterschied $\delta = 2e$ größer als die Länge der Wellenzüge ist, überschneiden sich die zwei Wellenzüge, die die Wege (1) und (2) zurückgelegt haben, nicht. Die Interferenzen sind unsichtbar

Wenn der Gangunterschied $\delta = 2e$ größer wird als die Länge des Wellenzuges, haben wir die Verhältnisse der Fig. 1.13. Beim Verlassen des Interferometers überdecken sich die beiden Wellenzüge a_1 und a_2, die ursprünglich demselben Wellenzug A entstammen, nicht mehr. Sie können deshalb nicht mehr interferieren. Es kann immer noch Wellenzüge geben, die sich beim Verlassen des Interferometers überdecken, aber sie können nicht dem gleichen ursprünglichen Wellenzug entstammen. Dies zeigt die Fig. 1.14. Die beiden Wellenzüge A und B werden zu verschiedenen Zeitpunkten ausgestrahlt, und ihre gegenseitige Verschiebung ist gleich δ_1. Der Gangunterschied $\delta = 2e$, der durch das Interferometer hervorgerufen wird, soll so groß sein, daß die beiden Wellenzüge a_1 und a_2 (a_1 ist nicht gezeigt), die von A herstammen, sich nicht überdecken. In gleicher Weise überdecken sich die beiden Wellenzüge b_1 und b_2 (b_2 ist ebenfalls nicht gezeigt), die von B herstammen, nicht. Es ist jedoch wohl möglich, daß der Wellenzug b_1, der einen weniger langen Weg im Interferometer zurücklegt (Weg 1), den Wellenzug a_2 überdeckt, der einen längeren Weg zurücklegt (Weg 2). Die Verschiebung $\delta = 2e$, die

16

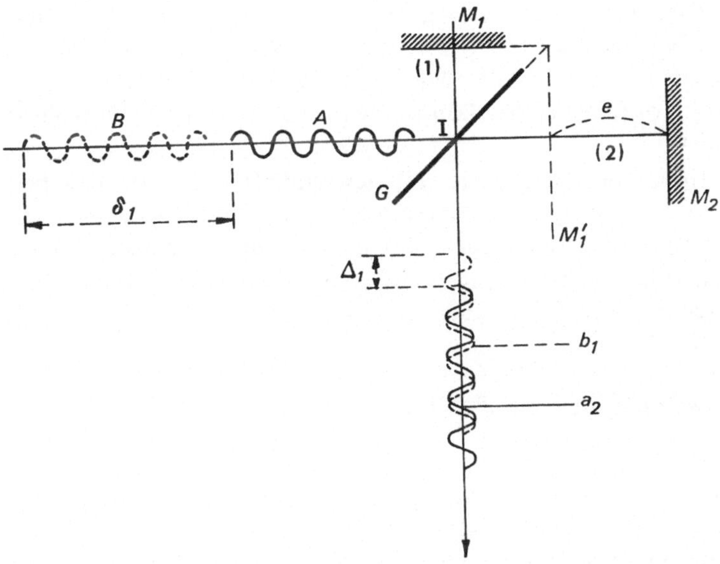

Fig. 1.14. Die beiden sich überschneidenden Wellenzüge stammen von zwei ursprünglich verschiedenen Wellenzügen her

vom Interferometer hervorgerufen wird, kann die ursprüngliche Verzögerung (δ_1) der beiden Wellenzüge A und B wieder ausgleichen. Die Verschiebung Δ_1 zwischen den beiden Wellenzügen a_2 und b_1 am Ausgang des Interferometers beträgt:

$$\Delta_1 = \delta_1 - \delta = \delta_1 - 2e. \qquad (1.5)$$

Wenn man während der Dauer dieser beiden Wellenzüge die Phänomene beobachten könnte, so wäre es möglich, die Interferenzen zu sehen, da sich die beiden Wellenzüge überdecken. In Wirklichkeit, mit den gewöhnlichen Lichtquellen, für welche die Länge der Wellenzüge sehr kurz ist, ist dies nicht möglich, und man empfängt eine sehr große Anzahl von Wellenzügen während der für eine Beobachtung notwendigen Zeit. Was geschieht nun unter diesen Bedingungen? Da die Ausstrahlung eines Wellenzuges durch ein Atom ein in der Zeit unbestimmtes Phänomen ist, verändern sich die ursprünglichen Verschiebungen $\delta_1, \delta_2, \delta_3$ usw. in einer rein zufälligen Weise in der Zeit. Das gleiche ist wahr für die Verschiebungen am Ausgang des Interferometers, die irgendwelche Werte $\Delta_1, \Delta_2, \Delta_3$ usw. annehmen. Während der für eine einzelne Beobachtung benötigten Zeit werden wir eine sehr große Anzahl von Phänomenen haben, die sich überlagern. Die Interferenzen können nicht mehr beobachtet werden, und wir bezeichnen dies als *zeitliche Inkohärenz*. Die Länge der Wellenzüge wird *Kohärenzlänge genannt.* Wenn τ die Länge des einzelnen Wellenzuges und c die Lichtgeschwindigkeit ist, dann ist die Kohärenzlänge $1 = c\,\tau$. Die Zeit τ wird die *Kohärenzzeit* genannt.

Aus dem Vorhergehenden können wir zwei wichtige Schlußfolgerungen ziehen:

a) Um Interferenzphänomene mit gewöhnlichen Lichtquellen beobachtbar zu machen, muß der Gangunterschied der die Interferenzen hervorrufenden Anordnung kleiner sein als die Kohärenzlänge;

b) die Interferenzerscheinungen sind um so schärfer, je kleiner der Gangunterschied ist im Verhältnis zur Kohärenzlänge.

1.5. Die Kohärenz im Falle der Laser

Die Laser stellen Lichtquellen dar, die durch ihre räumliche und zeitliche Kohärenz bemerkenswert sind. Im Hinblick auf die räumliche Kohärenz können wir sagen, daß das aus einem Laser austretende Lichtbündel so erscheint, als ob es von einer intensiven, sehr kleinen Lichtquelle im Brennpunkt eines Objektivs O von sehr großer Öffnung ausgestrahlt würde (Fig. 1.15). Wir finden gleichzeitig räumliche Kohärenz und eine sehr große Intensität P. Im übrigen ist die Länge der ausgestrahlten Wellenzüge erheblich größer als die der gewöhnlichen Lichtquellen. Der Laser hat also eine große zeitliche Kohärenz.

Wenn wir den Versuch der Fig. 1.14 mit einem Laser als Lichtquelle wiederholen, wird es nicht mehr unmöglich sein, diese Interferenzen zu beobachten, da der Gangunterschied größer wäre als die Kohärenzlänge. Tatsächlich kann für einen Laser die Kohärenzzeit genügend lang sein, um eine für die Beobachtung während der Dauer eines Wellenzuges ausreichende Zeit anzudauern. Da die Wellenzüge A und B auf der Fig. 1.14 zu verschiedenen Zeitpunkten ausgesandt werden, macht es nur einen geringen Unterschied, ob sie von einem oder von zwei verschiedenen Atomen herrühren. Dies bedeutet, daß es möglich ist, Interferenzen mit zwei verschiedenen Lichtquellen zu beobachten, vorausgesetzt, daß diese beiden Lichtquellen Laser sind. Es ist praktisch unmöglich, den gleichen Versuch mit gewöhnlichen Lichtquellen erfolgreich durchzuführen.

Fig. 1.15. Ein räumlich kohärentes Lichtbündel, das von einer Punktlichtquelle (im Brennpunkt eines Objektivs) hervorgerufen wurde

1.6. Beugung im Unendlichen und in endlicher Entfernung*

Ein Objektiv O, von dem angenommen wird, daß es fehlerfrei ist, empfängt ein Bündel von Parallelstrahlen, das von einer im Unendlichen gelegenen, monochromatischen Punktlichtquelle herrührt (Fig. 1.16). Die einfallende Planwelle Σ_1 wird in eine sphärische Welle verwandelt, welche ihr Zentrum in S' hat, dem geometrischen Bild der Punktlichtquelle im Unendlichen. Das Bild S' der Punktlichtquelle S ist kein geometrischer Punkt und hat eine Struktur, die durch Beugungserscheinungen bestimmt wird.

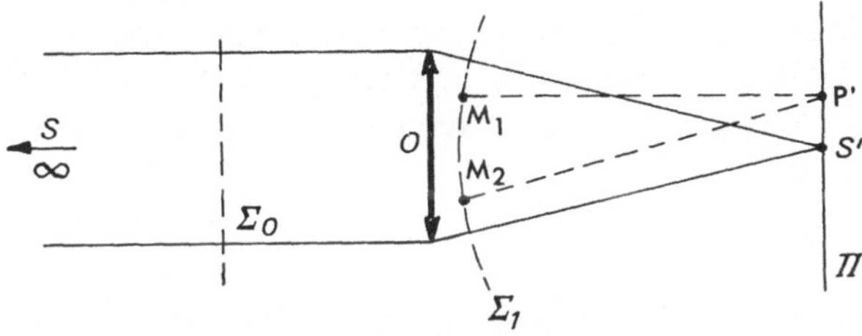

Fig. 1.16. Beliebige Punkte M_1 und M_2 derselben Wellenfläche Σ_1 wirken wie Lichtquellen gleicher Phase

Nach dem Huygens-Fresnel-Prinzip kann jeder Punkt M_1 der sich ausbreitenden Wellenfläche Σ_1 als eine sekundäre Lichtquelle, die Wellen, sog. „Beugungswellen" aussendet, betrachtet werden. Die verschiedenen Punkte der gleichen Wellenfläche Σ_1 benehmen sich wie kohärente, synchrone Lichtquellen, und die Wellen, die sie aussenden, sind fähig, miteinander zu interferieren. Ein beliebiger Punkt P' der Ebene π, die das geometrische Bild S' schneidet, wird die gebeugten Wellen von allen Punkten der Wellenfläche Σ_1 empfangen. Wenn wir die Intensität des Lichtes in verschiedenen Punkten der Ebene π in der Nähe von S' berechnen, erhalten wir die Struktur des Bildes der Punktlichtquelle S. Dieser kleine leuchtende Fleck, der das Bild von S darstellt, wird *Beugungsfigur* genannt. Sie hängt von der Form der Begrenzung des Objektivs O ab. Die Untersuchung der Struktur dieser Beugungsfigur ist die Untersuchung einer Beugungserscheinung im Unendlichen oder der Fraunhoferschen Beugung.

Der Versuch kann so ausgeführt werden, wie auf Fig. 1.17 angegeben. Die Lichtquelle S befindet sich im Brennpunkt eines Objektivs O_1, und das Objektiv O_2 wird gut durch ein Parallelstrahlenbündel beleuchtet,

---

* Literaturverzeichnis 14, 107, 208.

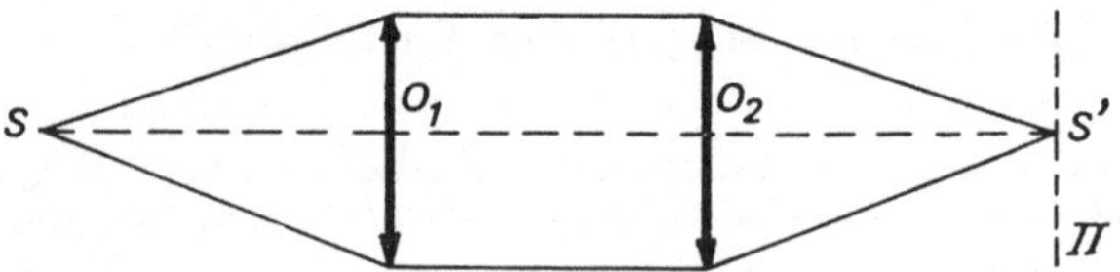

Fig. 1.17. Das Bild der Punktlichtquelle S in S' ist eine Fraunhofersche Beugungserscheinung

wie das Objektiv O in Fig. 1.16. Das Bild in S' ist eine Beugungsfigur, die charakteristisch für die Objektivbegrenzung von O_2 ist, wenn dieses durch das einfallende Lichtbündel vollständig ausgeleuchtet wird.

Die beiden Objektive O_1 und O_2 der Fig. 1.17 können durch ein einziges Objektiv ersetzt werden, wie in Fig. 1.18 gezeigt wird. Das Bild S' der Quelle S ist eine Beugungsfigur, die für die Objektivbegrenzung des Objektivs O charakteristisch ist.

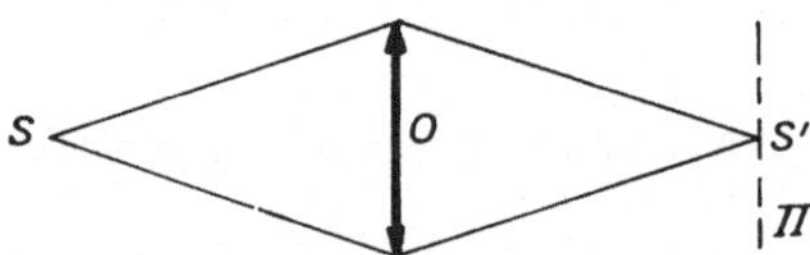

Fig. 1.18. Das Bild S' der Punktlichtquelle S ist ebenfalls eine Beugungserscheinung im Unendlichen (FRAUNHOFER)

Im allgemeinen wird das Bild einer Punktlichtquelle, das von einem optischen Instrument hervorgerufen wird, Beugungsfigur im Unendlichen oder Fraunhofersche Beugung genannt. Von der Oberfläche der sich ausbreitenden Welle Σ_1 ausgehend (Fig. 1.19), können wir die Struktur der Beugungserscheinung, des Bildes der Punktlichtquelle S, mit Hilfe des Huygens-Fresnelschen Prinzips berechnen. Wenn wir schwach konvergente Strahlen betrachten (kleines α), können wir zeigen, daß das

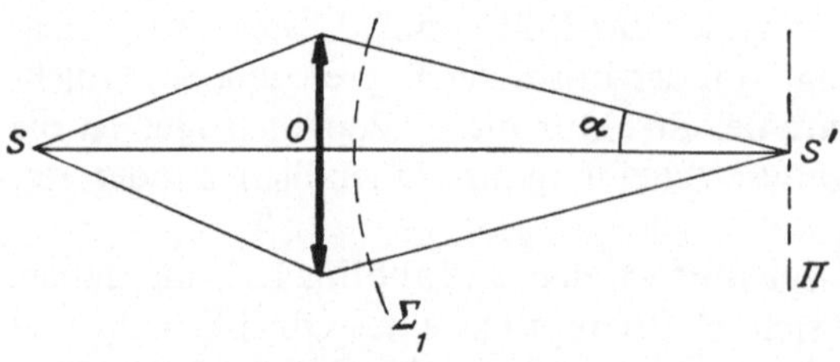

Fig. 1.19. Die Beugungserscheinung in S' (in der Amplitude) ist die Fouriertransformierte der Amplituden auf Σ_1

Huygens-Fresnelsche Prinzip einem mathematischen Ausdruck, der „Fourier-Transformation", entspricht. Wir sagen dann, daß die Beugungsfigur in S' die *Fourier-transformierte* Amplituden- und Phasenverteilung auf der Wellenfläche ist. Umgekehrt können wir die Amplituden- und Phasenverteilungen auf der Wellenfläche Σ_1 berechnen, wenn wir die Amplituden- und Phasenverteilung in der Beugungsfigur in S' kennen. Wir können auch sagen, daß Amplituden- und Phasenverteilungen auf der Wellenfläche Σ_1 die inverse Fourier-transformierte der Amplituden- und Phasenverteilung in der Beugungsfigur ist.

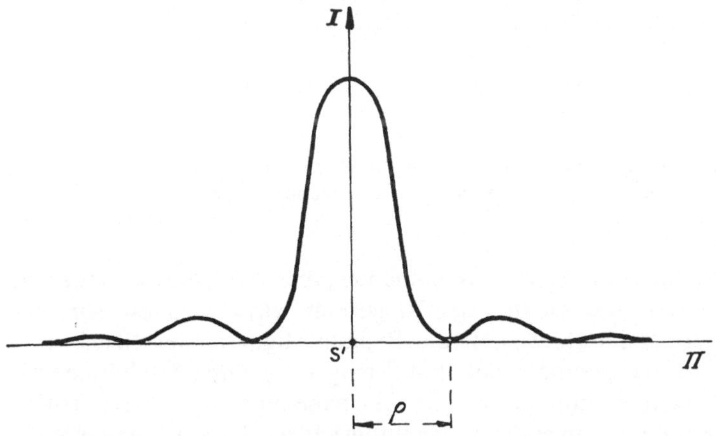

Fig. 1.20. Airysches Beugungsscheibchen

Nehmen wir als Beispiel ein rundes Objektiv O. Die Beugungsfigur ist rotationssymmetrisch und die Struktur ist auf Fig. 1.20 gegeben. Wir haben einen hellen mittleren Fleck, der von abwechselnd hellen und dunklen Ringen umgeben ist; die Intensität der hellen Ringe nimmt mit der Entfernung vom geometrischen Zentrum S' der Beugungsfigur ab. Wenn wir die Ringe, deren Intensität sehr schwach ist im Vergleich zum Zentralfleck, vernachlässigen, dann ist es der letztere, der eigentlich das Bild der Punktlichtquelle darstellt. Wenn wir mit 2α (Fig. 1.19) den Öffnungswinkel des Objektivs O bezeichnen, dann ist der Radius ρ des mittleren Beugungsflecks gegeben durch:

$$\rho = \frac{1{,}22\,\lambda}{2\alpha}\,, \tag{1.6}$$

wobei λ die Wellenlänge des von der Lichtquelle S ausgestrahlten Lichtes ist. Wir finden z. B. für ein Objektiv mit dem Öffnungsverhältnis $2\alpha = \frac{1}{4}$ und $\lambda = 0,6\,\mu$ (gelb) ρ gleich $3\,\mu$. Wenn wir den Objektivdurchmesser vergrößern, ohne den Abstand OS' zu ändern, dann vergrößert sich das Öffnungsverhältnis 2α und der Durchmesser der Beugungsfigur wird kleiner. Wenn wir hingegen den Durchmesser des Objektivs O verringern, ohne OS' zu ändern, dann nimmt das Öffnungsverhältnis 2α ab und der Durchmesser der Beugungsfigur wird größer.

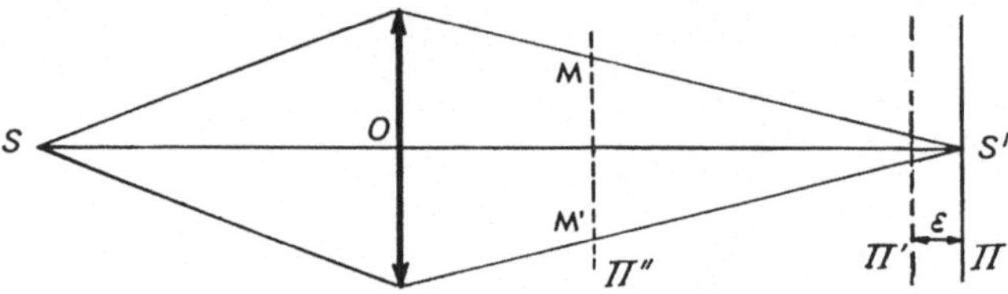

Fig. 1.21. Wenn die Ebene der Scharfeinstellung in π' sehr nahe an π ist, haben wir noch Fraunhofersche Beugung. In π'' beobachten wir Fresnelsche Beugung

Die Beugungsfigur eines vollkommenen (aberrationsfreien) optischen Instrumentes, so wie sie in Fig. 1.20 gezeigt wird, wird oft *Airysche Beugungsfigur* genannt. Anstatt die Beugungsfigur in der Ebene π zu betrachten, die das geometrische Bild S' (Fig. 1.21) schneidet, können wir es in einer Ebene π' untersuchen, die sehr nahe an π ist, d. h. eine fehlerhafte Einstellung. Solange der Einstellungsfehler ε klein ist, gehören die betrachteten Beugungserscheinungen noch zur Klasse der Fraunhoferschen Beugungserscheinungen (Beugungserscheinungen im Unendlichen), aber wenn wir sie in einer Ebene π'', die weit von π entfernt ist, betrachten, so ist es nicht mehr das gleiche. Wir können Beugungserscheinungen praktisch nur noch an den Rändern M und M' des Bündels, d. h. an der Grenze des geometrischen Schattens, beobachten. Wenn wir weit von dem Bild S' entfernt sind, können wir in gleicher Weise die Beugungserscheinungen beobachten, ob das Bild S' nun virtuell ist (Fig. 1.22) oder

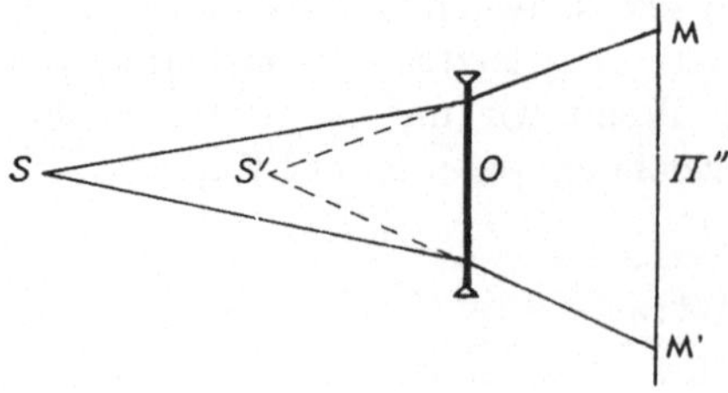

Fig. 1.22. In π'' beobachten wir eine Fresnelsche Beugungserscheinung

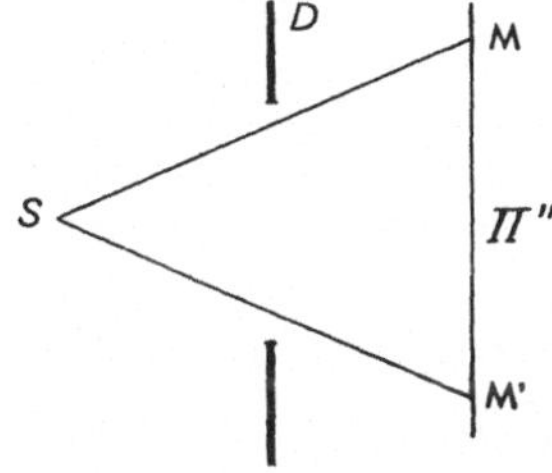

Fig. 1.23. Ein einfacher Schirm, zwischen die Punktlichtquelle S und die Beobachtungsebene π'' gebracht, läßt uns eine Fresnelsche Beugungserscheinung beobachten

auch ganz ohne Linse (Fig. 1.23), indem wir diese letztere durch einen Schirm D ersetzen, der das Bündel seitlich begrenzt. Wir sprechen von *Beugung im Endlichen* oder *Fresnelscher Beugung*. Die Erscheinungen dieser Beugungsart werden nach dem Schema der Fig. 1.23 beobachtet: der Schirm D, dessen Beugung in endlicher Entfernung wir untersuchen wollen, wird zwischen die Lichtquelle S und den Beobachtungsschirm π'' gestellt.

Wie im Falle der Fraunhoferschen Beugung existiert hier ein mathematischer Ausdruck, „Fresnel-Transformation" genannt, der die Berechnung der Amplituden und Phasen in der Ebene π'' zu berechnen gestattet, wenn wir sie in der Ebene des beugenden Schirms D kennen. In gleicher Weise können wir mit einer inversen Transformation die Amplituden und Phasen in der Ebene D berechnen, wenn wir sie in der Ebene π'' kennen.

1.7. Beugung durch ein Amplitudengitter

Ein Schirm mit einer großen Anzahl von engen parallelen Spalten, die in der gleichen Ebene liegen, untereinander gleich sind und die gleiche Entfernung voneinander haben, wird ebenes Gitter oder Plangitter genannt. Ein Gitter dieser Art wird als durchlässiges Amplitudengitter bezeichnet. Die Entfernung zwischen zwei gleichwertigen Punkten von zwei aufeinanderfolgenden Spalten ist die Periode des Gitters oder die Gitterkonstante. In der Gitterebene verläuft der Transmissionsfaktor für die Energie wie durch die Kurve in Fig. 1.24 angezeigt.

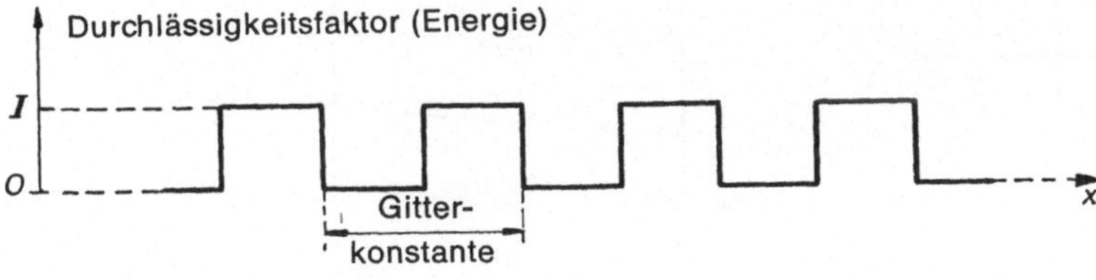

Fig. 1.24. Profil eines zweidimensionalen Gitters

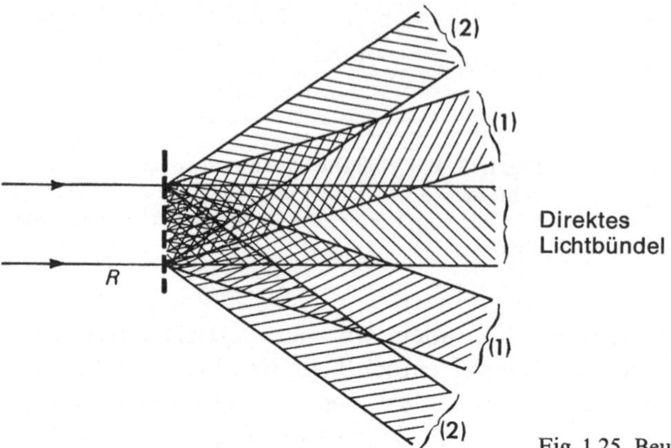

Fig. 1.25. Beugung an einem Gitter

Betrachten wir ein Gitter R, das von einem Parallelstrahlenbündel (Fig. 1.25) beleuchtet wird, das normal zu der Gitterebene verläuft. Das Licht sei monochromatisch und habe die Wellenlänge λ. Aufgrund der Beugungserscheinungen stellen wir fest, daß das Gitter R eine große Anzahl von Bündeln beugt, wie in Fig. 1.25 gezeigt. Wir haben zunächst ein direktes Bündel, das das Gitter durchsetzt, als ob dieses überhaupt nicht da wäre. Als nächstes beobachten wir zwei abgebeugte Bündel (1), symmetrisch zum zentralen Bündel, dann zwei Bündel (2), ebenfalls symmetrisch zum zentralen Bündel, aber weiter gespreizt usw. Jedes gebeugte Bündel ist ein Parallelstrahlenbündel wie das einfallende Bündel. Wir können die abgebeugten Bündel in der Brennebene eines Objektivs O sammeln (Fig. 1.26). Diese verschiedenen Bündel ergeben Bilder der Punktlichtquelle, dem Gegenstand S: das direkte Bild ist S_0, während die zwei Bilder S_1, die auf beiden Seiten von S_0 gelegen sind, als Spektren

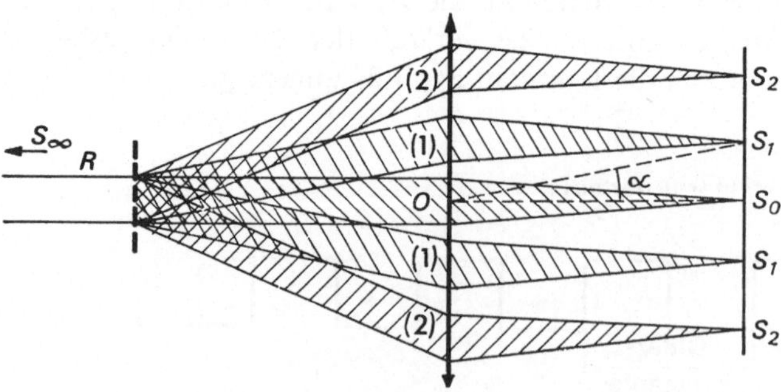

Fig. 1.26. Beobachtung der Gitterspektren in der Brennebene eines Objektivs O

erster Ordnung bezeichnet werden, die beiden Bilder S_2 sind die Spektren zweiter Ordnung usw. Das Bild S_0 ist am hellsten; die Intensität der Bilder S_1, S_2 usw. nimmt ab mit steigender Ordnungszahl. Im Falle der Fig. 1.26 können nur die Bündel (1) und (2) in das Objektiv O eintreten. Um die Positionen der Spektren S_1, S_2 usw. zu erhalten genügt es, die Grundgesetze der geometrischen Optik anzuwenden: der Winkel zwischen $\overline{OS_1}$ und $\overline{OS_0}$ ist gleich dem Winkel zwischen dem direkten Bündel und einem der beiden abgebeugten Bündel (1) vor dem Objektiv O.

Die Gittertheorie zeigt, daß, wenn wir mit a die Gitterkonstante bezeichnen, sich das Spektrum der Ordnung p in einer Richtung findet, die durch den Winkel α so definiert wird, daß:

$$\alpha = p\,\frac{\lambda}{a}, \tag{1.7}$$

wobei α als klein angenommen wird.

Für ein Gitter mit 100 Spalten pro Millimeter finden wir: $a = 1/100$ mm und für das Spektrum der ersten Ordnung $\alpha \simeq 3°$, wenn $\lambda = 0{,}6\,\mu$ ist.

1.8. Beugung an einem Phasengitter

Betrachten wir ein Gitter, das aus einer planparallelen Glasplatte besteht, auf der eine Reihe von kleinen, durchlässigen, rechteckigen Streifen, parallel zueinander und durch freie Zwischenräume voneinander getrennt, angebracht sind (Fig. 1.27). Die Streifen, die sehr zahlreich sein können, haben einen Brechungsindex n und eine Breite e. Ihre Länge ist sehr groß im Verhältnis zu ihrer Breite. Wir ersetzen nun in der Fig. 1.25 das Gitter durch das der Fig. 1.27, das als „Phasengitter" bezeichnet wird. Wir beobachten dieselben Erscheinungen wie vorher. Wenn wir die abgebeugten Bündel durch ein Objektiv O sammeln, wie auf Fig. 1.26, dann beobachten wir ein direktes Bild S_0 und eine ganze Reihe von Spektren S_1, S_2 usw., deren Positionen immer noch von der Gl. (1.6) beschrieben werden. Die Intensität des direkten Bildes S_0 jedoch und die der Spektren S_1, S_2 usw. hängt von der optischen Dicke der durchlässigen Streifen ab. Die Intensität der Spektren nimmt ab im Verhältnis zur Intensität des direkten Bildes S_0, wie die optische Dicke ne der durchscheinenden Streifen schwächer ist. Offensichtlich gibt es an der Grenze, die durch $e = 0$ gegeben ist, nur noch das direkte Bündel.

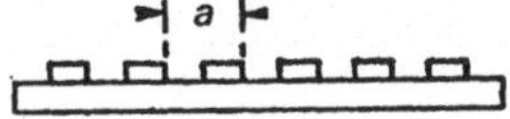

Fig. 1.27. Phasengitter

1.9. Beugung durch ein Sinusgitter

Stellen wir uns nun ein Gitter vor, dessen *Amplitudendurchlässigkeit* einem $\cos^2 x$-Verlauf folgt (Fig. 1.28). Wir nennen ein solches Gitter

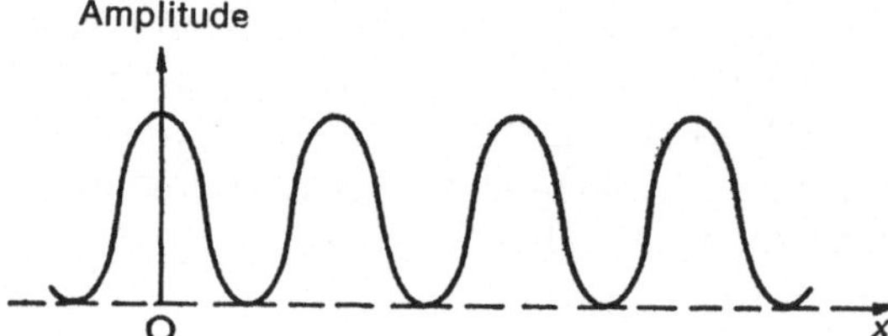

Fig. 1.28. Amplitudenprofil eines Sinusgitters

ein Sinusgitter. Der Versuch zeigt, daß ein solches Gitter, von einem Parallellichtbündel beleuchtet, ein direktes Bild S_0, von nur zwei Spektren begleitet, erzeugt (Fig. 1.29). Dies Ergebnis kann ebenfalls leicht gefunden werden, wenn wir die Fourier-Transformation der Funktion $\cos^2 x$ berechnen, die die Amplitudenverteilung ergibt. Dies ist die Beugungserscheinung des Sinusgitters im Unendlichen. Es ist wichtig festzustellen, daß, wenn die Amplitudendurchlässigkeit nicht einer $\cos^2 x$-Verteilung folgt, sofort andere Spektren erscheinen. Die Intensität dieser Spektren kann durch harmonische Analyse des Gitterprofils gefunden werden.

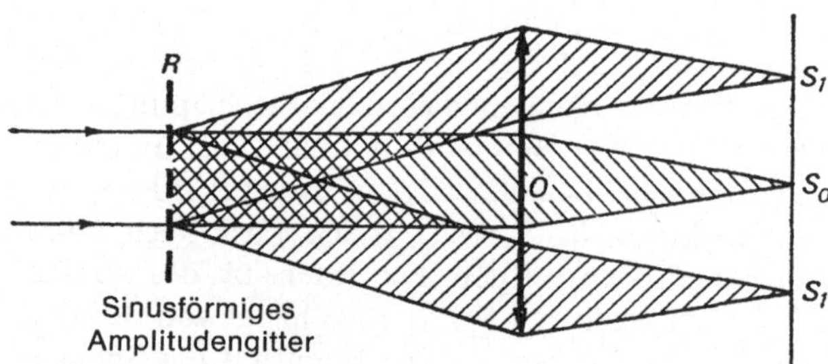

Fig. 1.29. Ein sinusförmiges Amplitudengitter ruft nur ein zentrales Bild und zwei Spektren hervor

Es ist möglich, die $\cos^2 x$-Amplitudenverteilung durch eine $\cos^2 x$-Phasenverteilung zu ersetzen. Wie mit dem Sinus-Amplitudengitter können wir das direkte Bild und die zwei Spektren beobachten, vorausgesetzt, daß die Phasenvariationen klein sind.

1.10. Photographie eines Sinus-Amplitudengitters

Betrachten wir ein Gitter, dessen Durchlässigkeitsfaktor (für Energie) der $\cos^2 x$-Verteilung von Fig. 1.28 folgt. Wir wollen dieses Gitter photographieren, um ein Negativ zu erhalten, dessen *Amplituden-verteilung* einer $\cos^2 x$-Verteilung folgt, um den Versuch von Fig. 1.29 durchzuführen. Wir rufen zunächst kurz einige Definitionen für photographische Schichten ins Gedächtnis zurück. E sei die Lichtintensität, die auf die photographische Schicht auftrifft. Nach dem Entwickeln beleuchten wir das so erhaltene Negativ. Dann sei I_0 die einfallende und I die von dem Negativ durchgelassene Intensität. Wir nennen das Durchlässigkeitsverhältnis des Negativs:

$$T = \frac{I}{I_0}. \tag{1.8}$$

Es ist stets kleiner als Eins. Der Logarithmus von $1/T$ ist die Dichte D des Negativs:

$$D = \log \frac{1}{T}. \tag{1.9}$$

Wenn t der Transmissionskoeffizient für die *Amplitude* ist, so haben wir:

$$T = t^2, \quad D = \log \frac{1}{t^2}. \tag{1.10}$$

Wenn E die Beleuchtung der Platte ist und τ die Belichtungszeit, dann empfängt die Platte die Energie $W = E\tau$.

Wir nennen Schwärzungskurve, oder charakteristische Kurve der Emulsion, die Kurve, die die Veränderungen von D (auf dem Negativ) angibt als Funktion des Logarithmus der Energie W, die von der Platte aufgenommen wird (Fig. 1.30). Diese Kurve besitzt einen geraden Teil

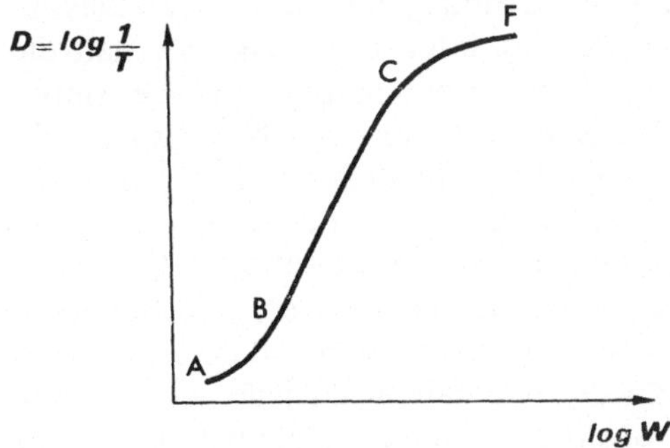

Fig. 1.30. Charakteristische Kurve einer photographischen Emulsion

BC für normale Belichtung und zwei andere Gebiete, von denen das eine, AB, der Unterbelichtung entspricht, während das andere, CF, durch Überbelichtung hervorgerufen wird. Wenn wir γ die Steigung des geraden Teils nennen, so haben wir für diesen Teil:

$$D = \gamma \log \frac{W}{W_0}, \tag{1.11}$$

wobei W_0 eine Konstante ist.

Für das uns hier interessierende Problem ist dies die Beziehung, die zwischen der (von dem Negativ) durchgelassenen *Amplitude* und der Energie W, die von der Platte aufgenommen wurde, besteht. Die Kurve, die die Funktion $t = f(W)$ darstellt, ist in Fig. 1.31 gezeigt. Sie hat eben-

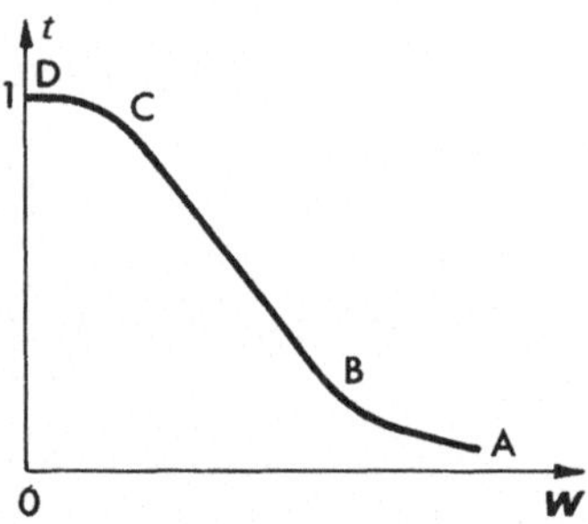

Fig. 1.31. Die Abhängigkeit der von einem Negativ durchgelassenen Amplitude von der Belichtung der photographischen Platte

falls einen geraden Teil BC, der eine sehr wichtige Rolle spielt. Wir können sehen, daß der gerade Teil der Kurve $t = f(W)$ dem unterbelichteten Teil AB in Fig. 1.30 entspricht. Für den Fall, wo wir nur eine einzige Aufnahme machen, ist es nicht notwendig, die Belichtungszeit zu berücksichtigen und wir können unsere Untersuchungen anhand der Kurve $t = f(E)$, die t und E in Beziehung bringt, durchführen. Wenn wir die Platte durch Kontakt mit einem Sinusgitter, dessen Durchlässigkeit (für Energie) einer $\cos^2 x$-Verteilung folgt, belichten, so erhält die Platte eine Belichtung, die der gleichen Verteilung folgt, und die Amplitude t, die von der Platte nach der Entwicklung des Negativs durchgelassen wird, ist in Fig. 1.32 gezeigt. Die einfallende $\cos^2 x$-Belichtung wird schematisch durch die Kurve, die unterhalb der X-Achse gezeigt wird, dargestellt. Die Kurve (A) entspricht der Amplitude t, die von dem Negativ durchgelassen wird. Man sieht, daß die Reproduktion nicht einer $\cos^2 x$-Verteilung folgt. Es ist nicht möglich, nur das direkte Bild und zwei Spektren wie in Fig. 1.29 zu erhalten, da jede Abweichung vom $\cos^2 x$-Profil zusätzliche Spektren einführt. Dennoch kann das

28

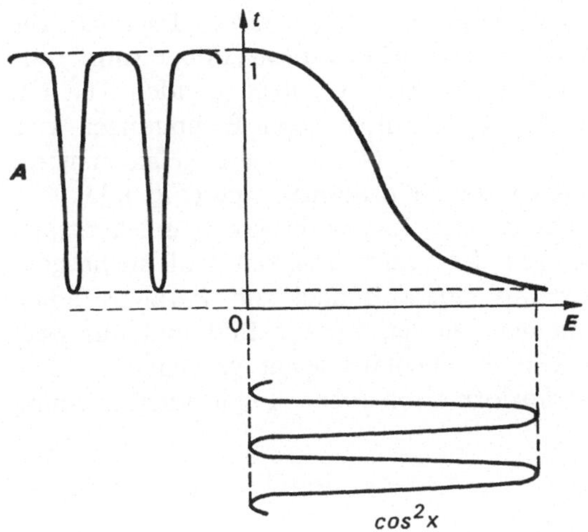

Fig. 1.32. Wenn Unterschiede in der Belichtung (Kontrast) zu groß sind, folgt die durchgelassene Amplitude einer anderen Funktion

gewünschte Resultat erreicht werden, nämlich nur das direkte Bild und zwei Spektren zu erhalten, vorausgesetzt, wir verfahren ein wenig anders. Nehmen wir z. B. ein Gitter, dessen Durchlässigkeit (für Energie) der Verteilung $a + b\cos^2 x$ folgt, wobei a und b zwei Konstanten sind. Die photographische Platte empfängt eine *Belichtung* $a + b\cos^2 x$ und wir

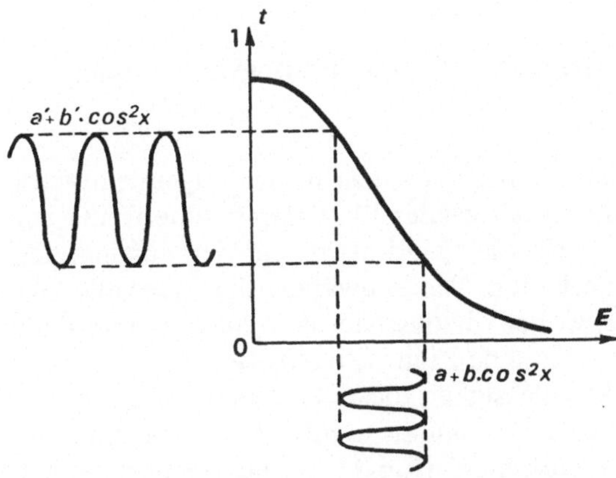

Fig. 1.33. Wenn die Belichtungsunterschiede klein sind (schwacher Kontrast), folgt die durchgelassene Amplitude der gleichen Funktion

wünschen, daß die von dem Negativ *durchgelassene Amplitude* die gleiche Form aufweist. Nehmen wir also an, daß die maximale Amplitude $a+b$ und die minimale Amplitude a sich auf dem geraden Teil CB der Kurve $t=f(E)$ befinden (Fig. 1.31). Unter diesen Bedingungen wird die Form der Amplitude, die von dem Negativ durchgelassen wird, $a'+b'\cos^2 x$ sein, wobei a' und b' zwei Konstanten sind (Fig. 1.33).

Im Verhältnis zu der Kurve der Fig. 1.28 ist das Gitter nur kontrastärmer, da es keine Minima mit der Durchlässigkeit Null mehr gibt. Wenn wir dies neue Gitter mit einem Bündel von Parallelstrahlen beleuchten, so finden wir in der Tat das direkte Bild und nur zwei Spektren. Diese Resultate können ebenfalls leicht gefunden werden, wenn man die Fourier-Transformation der Amplitudenverteilung $a'+b'\cos^2 x$ berechnet.

1.11. „Gebleichte" Photographien

Wir tauchen das Negativ, auf welchem sich das Bild eines Sinusgitters befindet, in eine geeignete Lösung ein. Das Silber wird aufgelöst und die Dicke der Emulsion nimmt ab an den Stellen, an denen sich metallisches Silber findet. Sie nimmt um so mehr ab, als das metallische Silber dicker ist, d.h. dort, wo das Negativ dichter ist. Wir haben also ein echtes Phasengitter hergestellt. Die Vertiefungen in der Emulsion erhalten durch ihre Anordnung und ihre Tiefe das Profil der Form $a+b\cos^2 x$. Wir sagen, daß die Photographie „ausgebleicht" ist. Wenn wir mit einem Parallelstrahlenbündel beleuchten, finden wir ein direktes Bild und zwei Spektren, wenn die Phasenunterschiede klein sind.

1.12. Beugung an einem zirkulären Gitter. Photographie eines zirkulären Gitters

Wir stellen uns ein zirkuläres Gitter vor, das in der folgenden Weise erhalten wird: wir zeichnen auf ein weißes Blatt Papier eine Reihe von Kreisen, deren Radien sich wie die Quadratwurzeln der aufeinanderfolgenden ganzen Zahlen verhalten. Wir schwärzen die Intervalle zwischen je zwei dieser Kreise, wobei wir das nächste freilassen, und dann photographieren wir die so erhaltene Figur (Zonengitter).

Das Profil der Energiedurchlässigkeit dieses Gitters wird in Fig. 1.34 gezeigt. Wir beleuchten ein solches zirkuläres Gitter R mit einem monochromatischen, parallelen Lichtbündel (Fig. 1.35) und beobachten folgendes: wir bemerken die Existenz eines direkten Bündels S_0, das durch R hindurchgeht, als ob das Gitter überhaupt nicht da wäre, das von

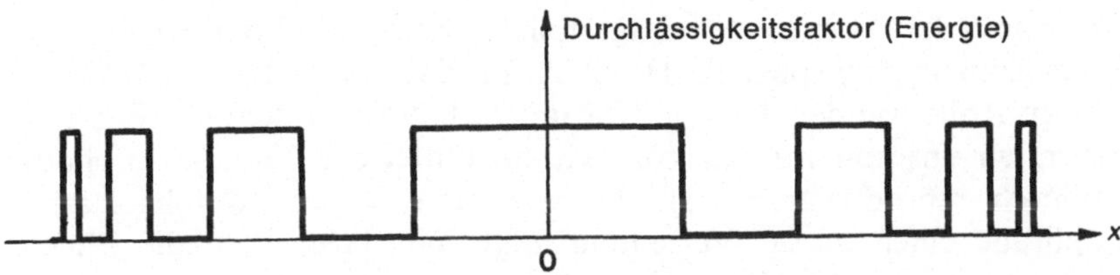

Fig. 1.34. Profil eines zirkulären Gitters (nach SORET)

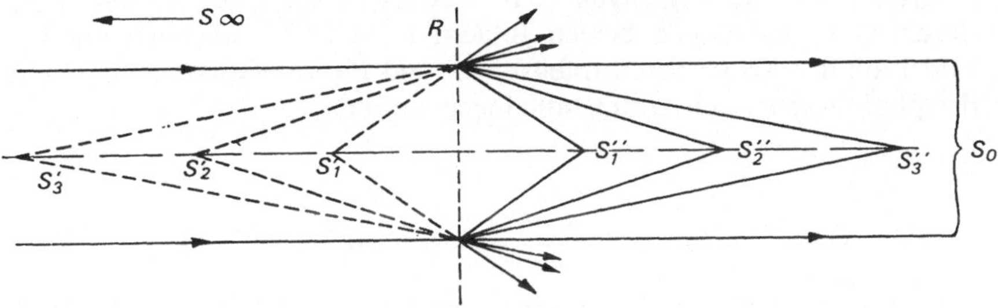

Fig. 1.35. Spektren hinter einem Soret-Gitter

einer Reihe von virtuellen Bildern S'_1, S'_2, S'_3 usw. und von einer Reihe von reellen Bildern S''_1, S''_2 usw. der Punktlichtquelle S, die sich im Unendlichen befindet, begleitet wird. Alle diese Bilder liegen auf der Achse des Gitters wie die Lichtquelle S selbst. Wir haben eine echte Linse mit multiplen Brennpunkten hergestellt. Die Bilder S'_1 und S''_1, S'_2 und S''_2 usw. übernehmen die Rolle der Spektren der Fig. 1.26. Diese Bilder oder diese Spektren kommen in der Holographie vor, und wie wir später sehen werden, ist es günstig, ihre Anzahl auf ein Minimum herabzusetzen, nämlich zwei.

Betrachten wir nun ein ähnliches Gitter, in dem jedoch der Übergang von einem Maximum zu einem Nulldurchgang im Minimum abgerundet ist (Fig. 1.36). Ein solches Gesetz für die Veränderung der Durchlässigkeit

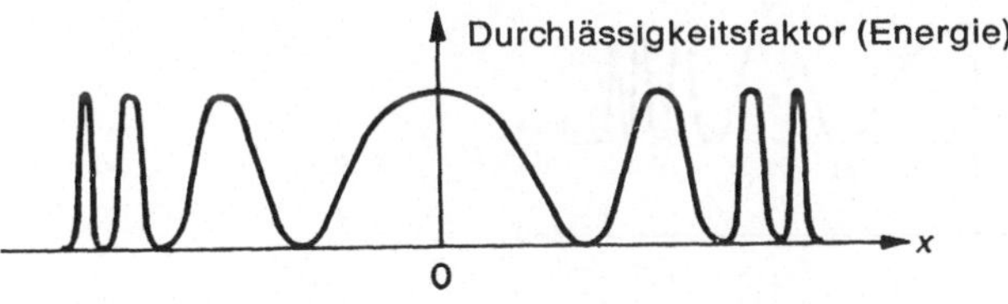

Fig. 1.36. Profil eines „sinusförmigen" zirkulären Gitters mit einer $\cos^2 x^2$-Verteilung

kann durch die Form $\cos^2 x^2$ dargestellt werden. Das Gitter der Fig. 1.36 (Sinus-Zonengitter) spielt im Hinblick auf das Gitter der Fig. 1.34 eine analoge Rolle wie das der Fig. 1.28 im Verhältnis zu dem der Fig. 1.24. Stellen wir uns nun vor, wir könnten das Gitter der Fig. 1.36 so photographisch reproduzieren, daß die von dem Negativ durchgelassene Amplitude einer $\cos^2 x^2$-Verteilung folgt. Wir beleuchten die Photographie mit einem Parallelstrahlenbündel. Anstatt eine ganze Serie von Bildern auf der Achse zu beobachten, sehen wir nur zwei: ein virtuelles S', ein reelles S'' und das direkte Bündel S_0 (Fig. 137). Tatsächlich kann aufgrund des Vorhergesagten das Negativ keine $\cos^2 x^2$-Amplitude durchlassen. Außer den beiden Bildern S' und S'' finden wir andere Bilder auf der Achse, deren Intensitäten und Positionen von dem Profil des photographischen Gitters abhängen werden.

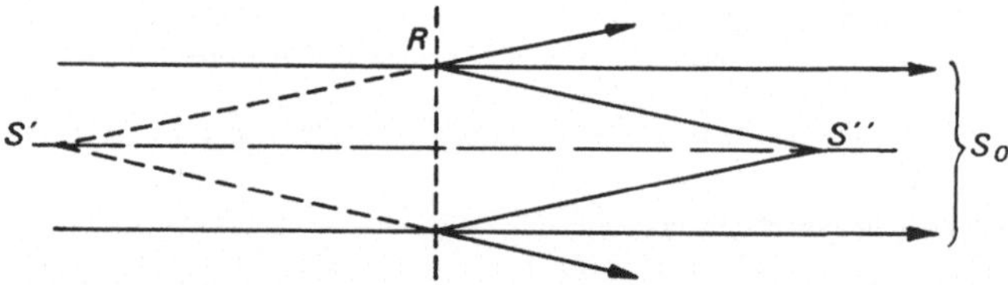

Fig. 1.37. Ein zirkuläres „sinusförmiges" Gitter, dessen Profil vom Typ $\cos^2 x^2$ ist, ergibt nur ein direktes Lichtbündel und zwei Spektren

Um nur die beiden Bilder S' und S'' der Fig. 1.37 zu erhalten, können wir vorgehen wie bereits oben beschrieben (Abschnitt 1.10). Wir stellen ein Gitter mit dem gleichen Profil wie dem der Fig. 1.36 her, jedoch *mit geringerem Kontrast* (Fig. 1.38). Dieses Mal können sich die Minima M und die Maxima N auf dem geraden Teil der Kurve $t = f(E)$ der photographischen Emulsion finden und die Amplitudenwiedergabe ist treu.

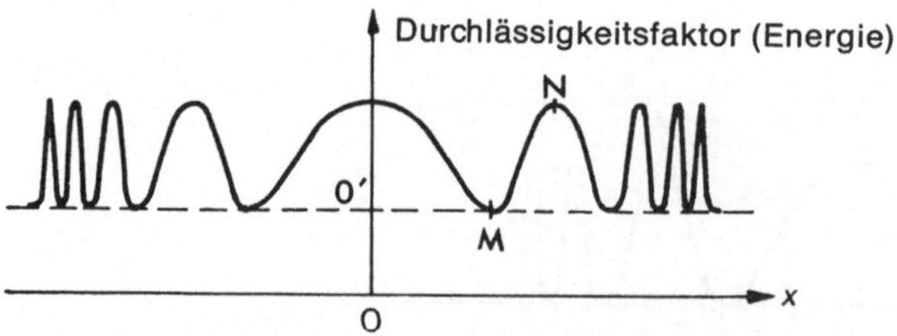

Fig. 1.38. Profil eines zirkulären „sinusförmigen" Gitters des Typs $a + b\cos^2 x^2$

32

Das Gitter der Fig. 1.38 ergibt, wenn es photographisch reproduziert und mit parallelem Licht beleuchtet wird, ein direktes Bündel S_0 und zwei Bilder S' und S''.

Wir können die Photographie „ausbleichen" und das Amplitudengitter des vorhergehenden Versuchs durch ein Phasengitter ersetzen.

1.13. Filterung von räumlichen Frequenzen*

Nehmen wir als Objekt ein Amplitudengitter R (Fig. 1.39), analog zu dem, welches in Abschnitt 1.7 beschrieben wurde (durchlässige Spalte durch undurchlässige Zwischenräume voneinander getrennt). Das Gitter wird mit einem monochromatischen Parallelstrahlenlichtbündel beleuchtet, normal zur Gitterebene (kohärente Beleuchtung). Der Abstand zwischen dem Gitter R und dem Objektiv O ist ausreichend, so daß dieses ein Bild des Gitters R in R' erzeugt. Um die Fig. 1.39 zu vereinfachen, haben wir nicht die gebeugten Bündel gezeigt, sondern nur das direkte Bündel, das in S_0 das direkte Bild der Punktlichtquelle S' im Unendlichen formt. Wie wir bereits im Abschnitt 1.7 erklärten, beobachten wir in der Brennebene des Objektivs O das direkte Bild S_0 und die Spektren S_1, S_2, S_3 usw., theoretisch eine unendliche Zahl von Spektren, wenn das Profil des Gitters das der Fig. 1.24 ist und das Objektiv eine unendlich große Apertur hätte.

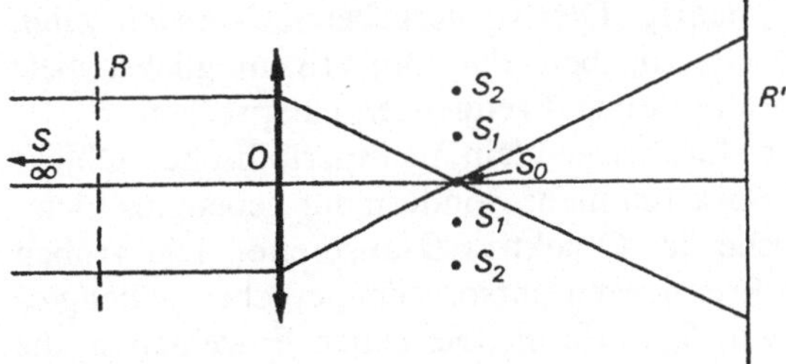

Fig. 1.39. Schema des Versuchsaufbaus für das optische Filtern

Um das Bild R' zu finden, können wir sagen, daß es durch die Interferenzen der Schwingungen, die von S_0 ausgesandt werden, und von allen Spektren, die wie Lichtquellen wirken und die Ebene R' beleuchten,

---

* Literaturverzeichnis 14, 107, 208.

geformt wird. Wir setzen in die Brennebene des Objektivs O einen Schirm, der von einem Loch durchbohrt ist, das nichts außer dem direkten Bild S_0 durchläßt (Abbescher Versuch). Wir sehen, daß das Bild gleichmäßig beleuchtet ist: es gibt kein Bild des Gitters mehr. Wir vergrößern das Loch im Schirm so, daß es S_0 und die beiden angrenzenden Spektren S_1 durchläßt. Wir haben den im Abschnitt 1.9 beschriebenen Fall und beobachten in der Tat ein Bild des Sinusgitters des Typs der Fig. 1.28. Wenn wir fortfahren, das Loch zu vergrößern, so lassen wir immer mehr Spektren durch und das Bild ähnelt immer mehr dem Objekt. Im Grenzfall, wenn wir uns vorstellen, daß das Objektiv O eine unendliche Zahl von Spektren aufnimmt, wird die Bildstruktur identisch mit der des Objekts sein, die durch die Kurve 1.24 wiedergegeben wird. Wir benutzen jetzt einen Schirm, der die beiden Spektren S_1 zurückhält und nur S_0 und die beiden Spektren S_2 durchläßt. Wir haben immer noch den Fall des Abschnitts 1.9, aber die Spektren haben größere Abstände voneinander. Nach Formel (1.7) bedeutet dies, daß die Gitterkonstante des sinusoidalen Bildgitters kleiner ist. Wenn wir nur S_0 und die beiden Spektren S_3 durchlassen, ist das Sinusgitterbild· noch enger geworden.

Es sieht so aus, als ob das den Gegenstand darstellende Gitter R (dessen Profil in der Fig. 1.24 gegeben ist), durch die Überlagerung einer unendlichen Zahl von Sinusgittern verschiedener Gitterkonstanten gebildet würde. Wir bezeichnen als „räumliche Frequenz" den reziproken Wert der Gitterkonstanten. Wenn die Gitterkonstante klein ist, ist die „räumliche Frequenz" hoch; wenn die Gitterkonstante groß ist, so ist die „räumliche Frequenz" niedrig. Der vorhergehende Versuch zeigt, daß, um ein Objekt gut wiederzugeben, das Objektiv möglichst viele Spektren durchlassen muß, die hohen Frequenzen entsprechen.

Wir können das Gitter durch irgendein nichtperiodisches Objekt ersetzen. Hier gibt es keine Spektren mehr, sondern nur gebeugtes Licht, das sich über die Brennebene des Objektivs O ausbreitet. Die groben Einzelheiten, die niedrigen Frequenzen entsprechen, ergeben gebeugtes Licht, das sich nur wenig von S_0 entfernt. Die feinen Einzelheiten, die hohen Frequenzen entsprechen, ergeben gebeugtes Licht, das sich weit von S_0 entfernt. Wenn wir in die Brennebene des Objektivs O ein kleines Loch bringen, dann läßt es nur Licht durch, das den groben Einzelheiten entspricht, d.h. den niedrigen Frequenzen. Wenn wir, im Gegenteil, nun den zentralen Teil der Brennebene abdecken, so wird das gebeugte Licht, das den groben Einzelheiten entspricht, zurückgehalten und nur das gebeugte Licht, das den feinen Einzelheiten hoher Frequenz entspricht, wird durchgelassen. Mit Hilfe dieses Schirms, den wir in die Brennebene des Objektivs O bringen, können wir so eine Filterung der räumlichen Frequenzen bewirken.

1.14. Die Photographie eines Phänomens stehender Wellen*

Wenn wir unter senkrechtem Einfall ein monochromatisches Parallel-strahlenlichtbündel auf einen Planspiegel M (Fig. 1.40) richten, so können die reflektierten Strahlen mit den einfallenden Strahlen interferieren. So

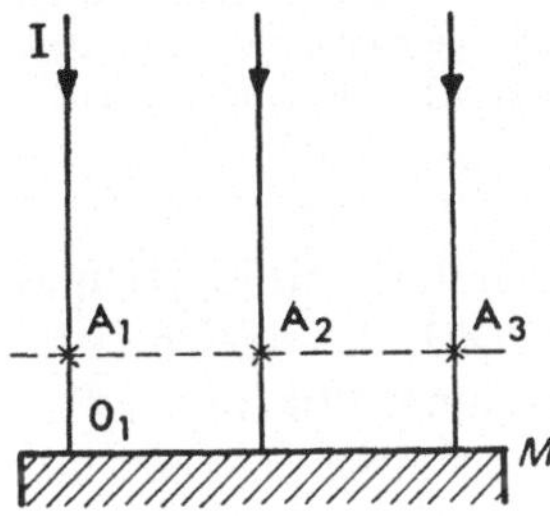

Fig. 1.40. Stehende Wellen, hervorgerufen durch die Interferenz der einfallenden und der reflektierten Welle

interferiert z. B. der Strahl $IA_1O_1A_1$, der in O_1 reflektiert wird, in A_1 mit dem einfallenden Strahl IA_1. Der Gangunterschied ist $\delta = 2\,\overline{O_1A_1}$. Wenn ein ganzzahliges Vielfaches der Wellenlänge δ ist, so haben wir ein Maximum der Beleuchtung in A_1, und ebenso in A_2, A_3 usw. Alle diese Maxima liegen auf einer Ebene, parallel zu der Ebene des Spiegels M. Eine solche Ebene, die einem Beleuchtungsmaximum entspricht, wird „ventrale" Ebene genannt. Wenn im Gegensatz dazu δ ein ungerades Vielfaches der Wellenlänge ist, werden wir ein Minimum an Beleuchtung haben und die Ebene, parallel zu M, die alle derartigen Punkte enthält, wird eine *Knotenebene genannt*. Die Entfernung zwischen zwei ventralen Ebenen (oder Knotenebenen), die aufeinanderfolgen, ist gleich $\lambda/2$ und die Entfernung zwischen einer ventralen und der unmittelbar benachbarten Knotenebene ist gleich $\lambda/4$. Wir bedecken nun den Spiegel mit einer dicken Schicht photographischer Emulsion aus Silberchlorid, die aber extrem feinkörnig sein muß. Nachdem wir diese photographische Platte wie üblich mit einem monochromatischen Lichtbündel der Wellen-länge λ belichtet haben, entwickeln wir sie. Auf allen ventralen Ebenen, wo die Intensität ihr Maximum hat, wird das Silber reduziert und wir erhalten so eine Reihe von halbdurchlässigen Schichten aus reduziertem Silber, die alle den gleichen Abstand von $\lambda/2$ haben. Wir beleuchten nun die so präparierte photographische Platte mit weißem Licht. Für den Anteil der Wellenlänge λ im einfallenden Licht hat der reflektierte Anteil für alle Schichten die gleiche Phase (Fig. 1.41). In der Tat ist

---

* Literaturverzeichnis 182.

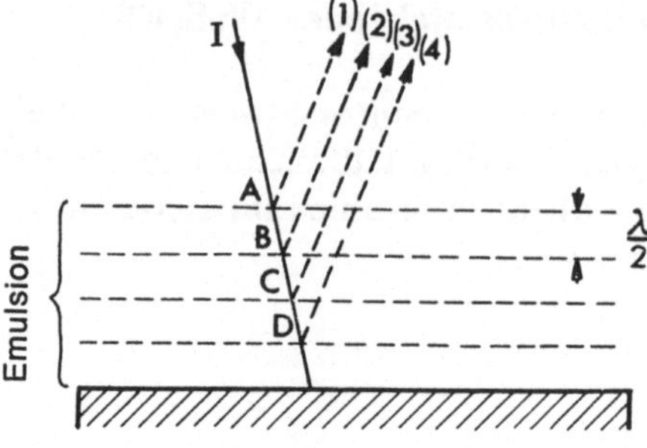

Fig. 1.41. Das reduzierte Silber formt halbdurchlässige Schichten, die einen Abstand von $\lambda/2$ voneinander haben

der Gangunterschied zwischen dem in A reflektierten Strahl (1) und dem in B reflektierten Strahl gleich zweimal AB = $\lambda/2$, d. h. gleich einer Wellenlänge. Das gleiche gilt für die anderen Schichten. Wir finden also ein Maximum für das reflektierte Licht der Wellenlänge λ, aber nur für diese Wellenlänge. Für eine andere Wellenlänge λ' ist $\overline{AB}$ ungleich $\lambda'/2$ und wir haben deshalb eine große Anzahl von reflektierten Vibrationen, deren Gangunterschiede viele verschiedene Werte annehmen. Schließlich löschen sich diese Vibrationen aus und die mit weißem Licht beleuchtete Platte reflektiert praktisch nichts als monochromatisches Licht der Wellenlänge λ, mit dem sie ursprünglich belichtet worden war. Die Anwendung dieses Verfahrens für die Farbphotographie wurde von LIPPMANN entwickelt. Wenn eine Landschaft mit einer photographischen Platte, die in der beschriebenen Weise hergestellt wurde, aufgenommen wird, so erhält man nach der Entwicklung an jedem Punkt der Platte ein System von halbdurchlässigen Schichten, die für die an diesem Punkt aufgefallene Strahlung charakteristisch sind. Wenn wir die Platte in Reflexion bei normalem Einfall mit weißem Licht betrachten, ruft das reflektierte Licht für jeden Punkt der Platte die Farbe wieder hervor, mit der dieser belichtet worden ist. Dies Phänomen ist die Grundlage der Holographie in Farben.

Kapitel 2

Das Prinzip und die Anwendungen der Holographie

2.1. Historischer Rückblick *

1948 beschrieb D. GABOR eine neue Methode, die „Holographie", die es erlaubte, das Bild eines Gegenstandes von dem Beugungsbild des Gegenstandes aus zu erhalten. Die Operationen verlaufen in zwei Schritten:

a) Ein Beugungsbild in Fresnelscher Beugung, das durch den Gegenstand hervorgerufen wurde, wird unter Hinzufügung eines *kohärenten Hintergrundes* photographiert. Dies ist das Hologramm. Das Hologramm ähnelt nicht dem Gegenstand, aber es enthält sämtliche notwendigen Informationen, sowohl Phase als auch Amplitude, um den Gegenstand wieder hervorzurufen.

b) Das Hologramm wird mit einem monochromatischen Parallellichtbündel beleuchtet. Aufgrund der Schwärzungsvariationen auf der Platte, auf der das Hologramm aufgenommen wurde, erfolgt Beugung. *Diese Beugungserscheinung erlaubt es, Bilder des Objektes zu erhalten.*

Bei dem Verfahren, das D. GABOR verwendete, überdeckten sich die Bilder, die von dem Hologramm erhalten wurden. Ferner war die Erzeugung eines kohärenten Untergrundes eine schwierige Operation im Jahre 1948, da die zu jener Zeit bekannten Lichtquellen nicht sehr monochromatisch waren. In der Tat dient in der Holographie die gleiche Lichtquelle dazu, das Objekt zu beleuchten und den kohärenten Hintergrund hervorzurufen. Wenn der Gegenstand ausreichend groß ist, muß die Kohärenzlänge des verwendeten Lichtes ebenfalls ausreichend groß sein. Als D. GABOR seine ersten Versuche machte, entsprachen die Lichtquellen nicht dieser Bedingung. Es waren Physiker der Universität von Michigan, und unter ihnen besonders F. N. LEITH und J. UPATNIEKS, die 1962 die entscheidenden Verbesserungen für die Methode von D. GABOR machten. Die Probleme wurden dank der folgenden zwei Punkte gelöst:

a) Beim Auftreffen auf die photographische Platte bildet das den kohärenten Hintergrund hervorrufende Lichtbündel *einen recht großen*

---

* Literaturverzeichnis 86 bis 91.

Winkel mit dem durch das Objekt gebeugten Bündel. So ist es möglich, daß sich die Bilder im Augenblick der Beobachtung nicht mehr überlagern.

b) Die Intensität und die Kohärenzlänge der Laser erleichtert den Aufbau der Versuchsanordnungen.

2.2. Rekonstruktion des Bildes eines leuchtenden Punktes

Das Problem, das sich uns stellt, ist das folgende: eine monochromatische Punktlichtquelle belichtet eine photographische Platte, und wir wollen uns, nach der Entwicklung, des Negativs bedienen, um ein Bild der Quelle zu erhalten.

Betrachten wir zunächst den folgenden einfachen Versuch (Fig. 2.1): eine photographische Platte P empfängt zwei monochromatische Parallellichtbündel, von denen eines einer ebenen Welle Σ_R und das

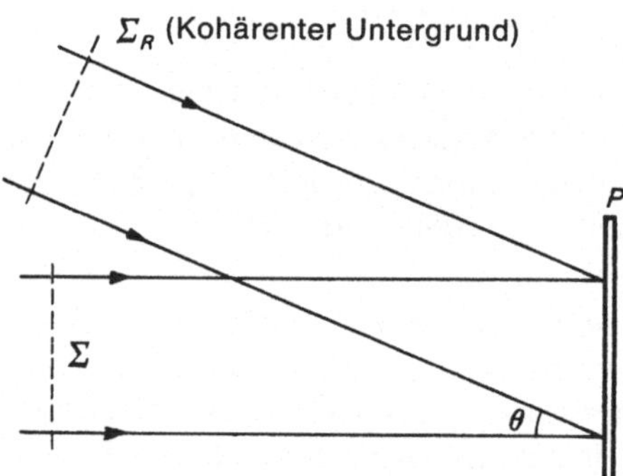

Fig. 2.1. Photographie eines „sinusförmigen" Gitters, hervorgerufen durch die Interferenz der beiden ebenen Wellen Σ und Σ_R

andere einer ebenen Welle Σ entspricht. Die Welle Σ_R ist *kohärent* mit Σ und wird Referenzwelle genannt. In der Ebene der photographischen Platte P kommen die beiden Wellen Σ und Σ_R zur Interferenz und wir haben eine Reihe von Interferenzstreifen, die gerade, parallel und gleichweit voneinander entfernt sind und senkrecht auf der Ebene des Flächenwinkels θ stehen, der von den beiden Wellen Σ und Σ_R gebildet wird. Wir haben auf der Platte P ein Sinusgitter, das eine Lichtintensitätsänderung vom Typ $\cos^2 x$ hervorruft. Wir photographieren diese Erscheinung und entwickeln dann. Wir erhalten auf dem Negativ die in Abschnitt 1.10 beschriebenen Ergebnisse. Wenn wir das Negativ mit einem monochromatischen Parallellichtbündel, normal zu der Platte, beleuchten, so sind eine gewisse Anzahl von Spektren sichtbar, da die Amplitudendurchlässigkeit des Negativs nicht von der Form $\cos^2 x$ sein kann. Wenn wir nur zwei gebeugte Lichtbündel wünschen, so genügt es, das Verfahren von Abschnitt 1.10 anzuwenden. Wir geben jetzt der Referenzwelle Σ_R eine größere Amplitude als der Welle Σ. Die Elementartheorie der Interferenzen zeigt, daß sich nichts an der Position der Interferenzstreifen geändert hat, die sich in P bilden, nur der *Kontrast der Interferenzen* hat sich verringert. Wir finden uns wieder im Fall der Fig. 1.33 und die Amplitudendurchlässigkeit des Negativs ist von der Form $a' + b' \cos^2 x$. Das Negativ erzeugt nur zwei Spektren außer dem direkten Bündel. Wenden wir das gleiche Verfahren an, wenn die Welle Σ eine sphärische Welle ist (Fig. 2.2). Die Welle Σ wird von einer mono-

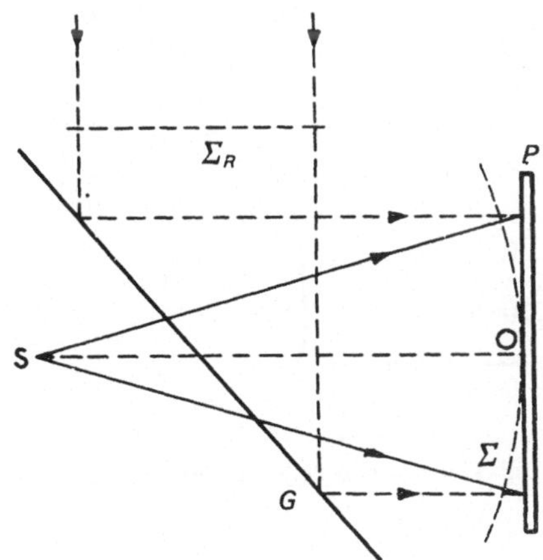

Fig. 2.2. Photographie eines zirkulären „sinusförmigen" Gitters, hervorgerufen durch Photographieren der Interferenzen der beiden Wellen Σ (Kugelwelle) und Σ_R (ebene Welle)

chromatischen Punktlichtquelle s ausgestrahlt, die sich in endlicher Entfernung von der Platte P befindet. Die ebene Referenzwelle Σ_R, die den kohärenten Hintergrund hervorruft, wird von einer halbdurchlässigen Platte G reflektiert. Die Wellen Σ und Σ_R kommen in den Gebieten zur Interferenz, wo sie sich überlagern, und insbesondere in der Ebene der Platte P. Welche Interferenzerscheinung wird in diesem Falle hervorgerufen? Wenn SO normal zu P ist, so ist die Erscheinung rotationssymmetrisch zu SO und die Struktur der Interferenzstreifen ist die der Fig. 1.36 unter der Bedingung, daß die Amplituden der beiden Wellen in P einander gleich sind.

Nach der Entwicklung der photographischen Platte finden wir, wenn wir das Negativ mit einem monochromatischen Parallelstrahlenbündel beleuchten, eine gewisse Anzahl von aufgereihten Bildern, denn das Negativ kann keine Amplitudendurchlässigkeit der Form $\cos^2 x^2$ haben. Die Anzahl und die Intensität dieser Bilder entspricht dem Amplitudenprofil des Negativs. Um die Verhältnisse der Fig. 1.37 zu erhalten, d.h. nur zwei Spektren, muß die Amplitude der Referenzwelle Σ_R *(kohärenter Untergrund)* größer sein als der der Welle Σ. Machen wir eine Photographie unter diesen Bedingungen, entwickeln wir sie und beleuchten dann das Negativ mit einem Parallellichtbündel, normal zu der Platte, wobei das verwendete Licht stets die gleiche Wellenlänge hat, dann finden wir wieder das Bild der Fig. 1.37, d.h. ein direktes Bild und ein reelles neben einem virtuellen Spektrum (Fig. 2.3). Wenn sich das Auge hinter dem Negativ P befindet, so kann man sehr gut das virtuelle Bild S' der Lichtquelle S, die als Gegenstand gedient hat, sehen, die ursprünglich von der gleichen Stelle aus die photographische Platte belichtet hatte. *Wir haben die Kugelwelle Σ wiederhergestellt* und so auch ein virtuelles Bild der *Punktlichtquelle.*

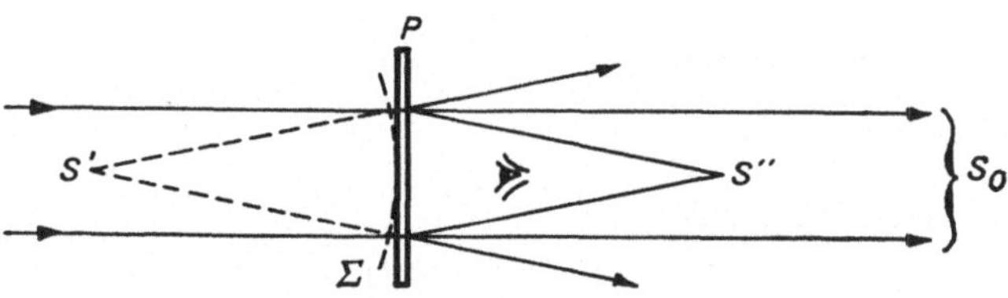

Fig. 2.3. Rekonstruktion der beiden Bilder S' und S'' der Lichtquelle mit Hilfe der Photographie des zirkulären Gitters

Die Registrierung von Amplitude und Phase der Welle Σ auf der Platte P, wobei die Phase dank des kohärenten Untergrundes registriert ist, erlaubt die Wiederherstellung der Welle Σ. Da diese Welle sphärisch war, haben wir den zugehörigen Gegenstand wiederhergestellt, nämlich einen punktförmigen Gegenstand. Das Negativ, das unter diesen Umständen erhalten wurde, wird „Hologramm" genannt.

Die Beobachtung des Bildes S' kann dadurch gehindert werden, daß die Lichtbündel, die S', S'' und S''' entsprechen, sich überdecken. Um diesem Übelstand abzuhelfen, kombinieren wir die Wirkung eines Sinusgitters, nämlich die Winkel zu trennen, mit dem Versuchsaufbau der Fig. 2.2. *Es genügt, das kohärente Bündel unter einem Winkel einfallen zu lassen* (Fig. 2.4). Wie im Vorhergehenden, wird die Photographie so aufgenommen, daß man dem kohärenten Untergrund eine

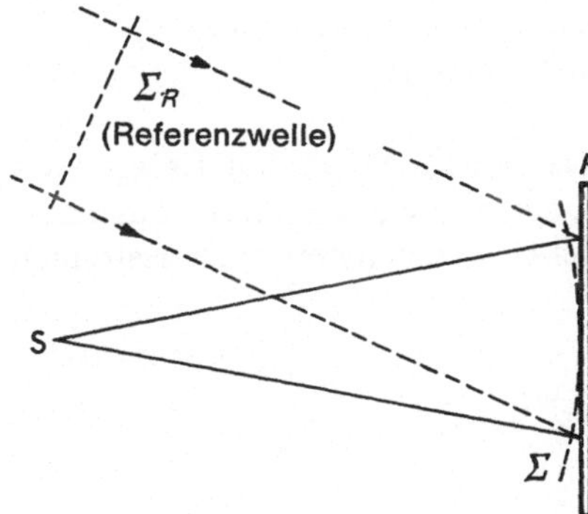

Fig. 2.4. Neigung der kohärenten Welle während der Aufnahme

größere Amplitude gibt als der Welle Σ in der Plattenebene P. Nach dem Entwickeln wird die Platte mit einem Parallelstrahlenbündel beleuchtet, das unter dem gleichen Winkel einfällt wie während der Aufnahme. Wir erhalten die Fig. 2.5. Dies entspricht der Fig. 2.3, wenn wir die beiden gebeugten Bündel mit einer Gitterwirkung, ähnlich der Fig. 1.29 gekippt hätten. Wir haben ein virtuelles Bild S' und ein reelles Bild S''. Das virtuelle Bild S' nimmt in bezug auf das Hologramm P die gleiche Position ein wie die Lichtquelle S in bezug auf die noch unbelichtete photographische Platte. Durch die Trennung der Bündelrichtungen kann das Auge bequem das virtuelle Bild S' beobachten, ohne durch die anderen Bündel behindert zu werden.

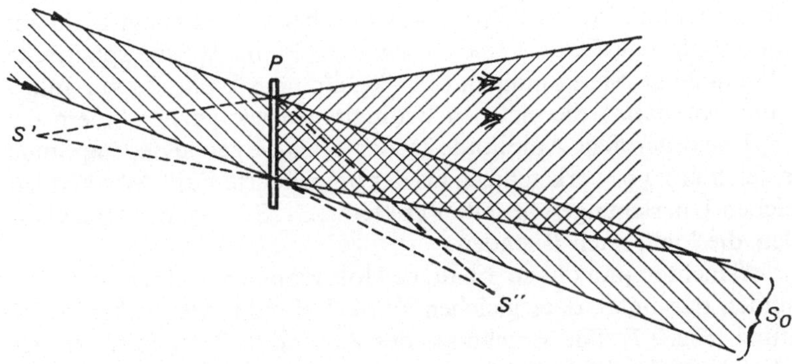

Fig. 2.5. Durch die Neigung der Referenzwelle bei der Aufnahme sind die Bilder bei der Rekonstruktion klar getrennt. Der Beobachter sieht bequem das virtuelle Bild S' durch das Hologramm

2.3. Rekonstruktion eines dreidimensionalen Bildes eines beliebigen Objektes. Fresnel-Hologramm*

Wir betrachten ein beliebiges streuendes Objekt A (Fig. 2.6). Es wird von einer Punktlichtquelle L beleuchtet, deren zeitliche Kohärenz dazu ausreicht, die von allen Punkten des Objekts A gebeugten oder gestreuten

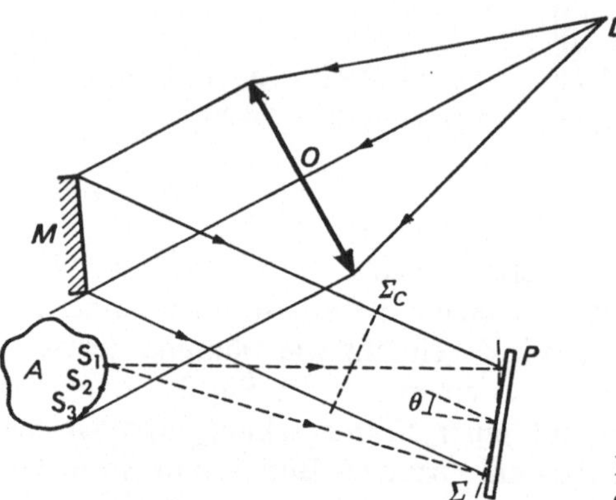

Fig. 2.6. Aufnahme des Hologramms eines beliebigen streuenden Objekts

Vibrationen kohärent zu machen. Die Lichtquelle L, ein Laser, befindet sich im Brennpunkt eines Objektivs O; eine Hälfte des austretenden Bündels dient dazu, das Objekt A zu beleuchten, während die andere Hälfte, nach Reflexion durch einen ebenen Hilfsspiegel als kohärente Planwelle Σ_R (die Referenzwelle) auf die photographische Platte fällt. Ein beliebiger Punkt S_1 des Objekts A, von L beleuchtet, streut Licht auf die photographische Platte P, die so von dem Punkt S_1 eine sphärische Welle Σ empfängt. Sie kommt mit der kohärenten Welle Σ_R zur Interferenz und wir haben die gleichen Bedingungen wie vorher, sofern die durch Σ_R hervorgerufene Amplitude größer ist als die gebeugte Amplitude (dies ist leichter zu bewerkstelligen als der umgekehrte Fall). Wir können die gleichen Überlegungen für alle Punkte S_1, S_2, S_3 usw. des Objekts A anstellen, die Licht nach P senden.

Wir beleuchten nun das so erhaltene Hologramm mit einem Parallellichtbündel, das unter dem gleichen Winkel einfällt wie während der Belichtung (Fig. 2.7). Die Ergebnisse des Abschnitts 2.2 sind auch hier gültig. Die virtuellen Bilder S_1', S_2' usw. *rekonstruieren in ihrer Position* die Punkte S_1, S_2 usw. Das gleiche gilt also für das Bild A, das mit dem

---

* Literaturverzeichnis 65, 107, 162 bis 171, 282, 300.

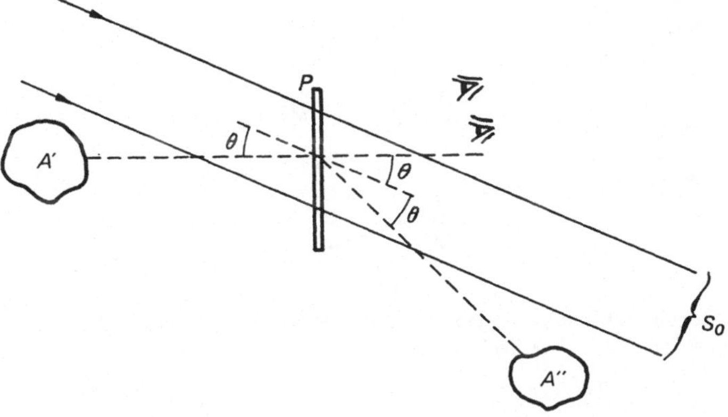

Fig. 2.7. Rekonstruktion und Beobachtung des virtuellen Bildes A' mit Hilfe des Hologramms P

Objekt identisch und am gleichen Ort gelegen ist. Wir *rekonstruieren* ein dreidimensionales Bild. Das virtuelle Bild A' ist von einem reellen Bild A'' begleitet, das direkt photographiert werden kann. Wir werden weiter unten (Abschnitt 2.12) sehen, daß, wenn die Dicke der Emulsion nicht vernachlässigbar klein ist, das Hologramm anders beleuchtet werden muß, je nachdem, ob wir das reelle oder das virtuelle Bild beobachten wollen. θ sei der mittlere Neigungswinkel (wobei angenommen wird, daß θ klein ist) während der Belichtung zwischen dem kohärenten Bündel und dem von A ausgehenden Licht (Fig. 2.6). Bei der Rekonstruktion sind die mittleren Richtungen der beiden Bilder A' und A'' (Fig. 2.7) um den Winkel θ auf die Richtung des beleuchtenden Bündels geneigt. Wenn man das Bild A' mit beiden Augen betrachtet, hat man den Eindruck, das Objekt selbst zu sehen. Man hat also einen vollkommenen räum-

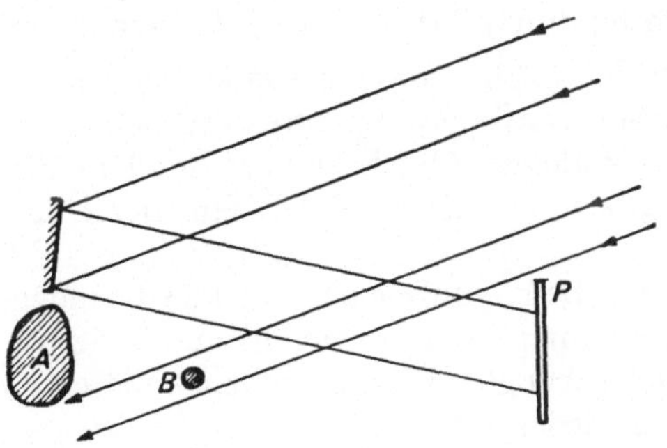

Fig. 2.8. Aufnahme des Hologramms zweier streuender Objekte A und B

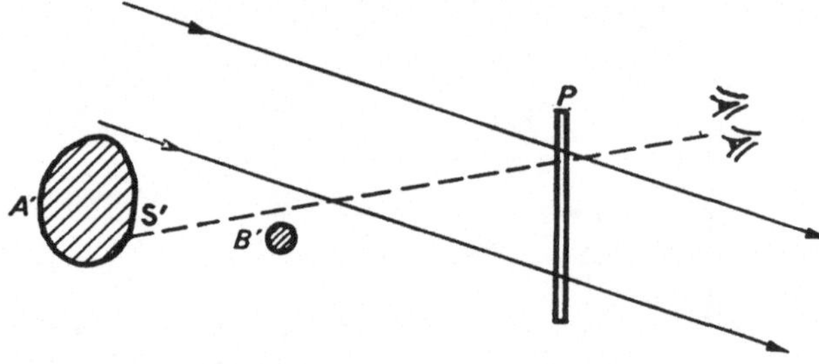

Fig. 2.9. Bei der Rekonstruktion kann man die Punkte S' von A' beobachten, die in einer anderen Augenposition durch B verdeckt waren

lichen Eindruck. Stellen wir uns nun vor, daß wir ein Hologramm von zwei streuenden Objekten A und B aufnehmen, wobei B sich zwischen der Platte und dem Objekt A (Fig. 2.8) befindet. Bei der Rekonstruktion (Fig. 2.9) ist das Bild A' nicht scharf, wenn man auf B' akkommodiert, und umgekehrt. Durch Bewegen der Augen kann man einen Punkt S' von A' sehen, der in einer anderen Position der Augen durch B' verdeckt sein könnte. Alle diese Operationen sind offensichtlich mit einer gewöhnlichen Photographie unmöglich. Zusammenfassend ist es notwendig, um das Bild eines beliebigen streuenden Objektes zu rekonstruieren, die folgenden Operationen durchzuführen:

a) Zunächst wird eine Photographie mit monochromatischem Licht aufgenommen, wobei die Platte gleichzeitig von dem streuenden Objekt und einem kohärenten Untergrund (Referenzwelle) von passender Amplitude beleuchtet wird;

b) die Platte, die nach Definition ein *Fresnel-Hologramm* darstellt, wird entwickelt;

c) das Hologramm wird unter den gleichen Bedingungen beleuchtet wie während der Aufnahme. Das Hologramm rekonstruiert zwei Bilder des Objektes, ein virtuelles und ein reelles. Mit dem Auge kann man bequem durch das Hologramm hindurch das virtuelle Bild betrachten.

Wir verstehen jetzt, warum wir solche Gitter besonders eingehend betrachtet haben, die die geringste Anzahl von Spektren ergeben. Jedes Spektrum ist der Ursprung eines Bildes des Objekts und es ist offensichtlich, daß, je weniger Bilder es gibt, um so kleiner die Gefahr der Überdeckung ist.

Man muß sich deshalb in den Bedingungen der Fig. 1.33 befinden, da sonst das Hologramm nicht die Interferenzstreifen, die durch die von den verschiedenen Objektpunkten gebeugten Wellen und den kohärenten Untergrund erzeugt werden, treu wiedergibt.

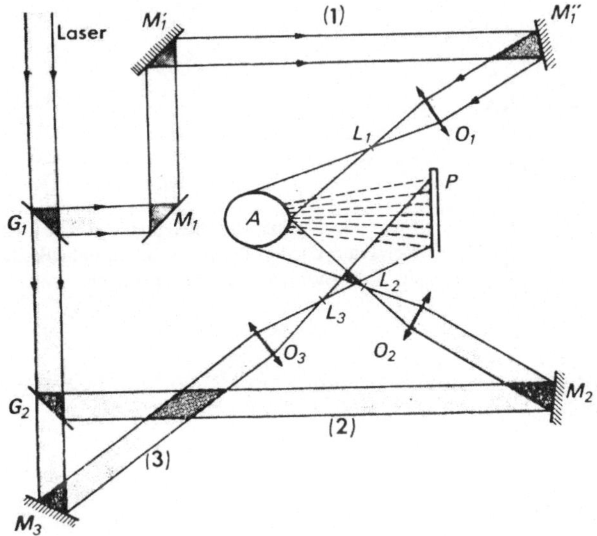

Fig. 2.10. Beispiel eines experimentellen Aufbaus für die Aufnahme des Hologramms eines streuenden Objekts

Zusätzliche Bilder des Objekts würden sichtbar werden und die Beobachtung stören. Der kohärente Untergrund muß deshalb in P eine größere Amplitude haben als die des durch das Objekt gestreuten Lichtes. Die Fig. 2.10 zeigt als Beispiel einen praktischen Versuchsaufbau, um ein Objekt A unter verschiedenen Winkeln und mit dem gleichen Laser zu beleuchten. Es erscheint so, als ob das Objekt A von zwei Punktlichtquellen L_1 und L_2 beleuchtet würde, wobei der kohärente Untergrund, der die photographische Platte direkt beleuchtet, durch die Punktlichtquelle L_3 hervorgerufen wird. Die halbdurchlässigen Spiegel G_1 und G_2, die Spiegel M_1, M'_1, M''_1, M_2 und M_3 sind so angeordnet, daß die drei Wege nicht zu sehr voneinander verschieden sind. *In der Tat dürfen die Gangunterschiede nicht größer sein als die Kohärenzlänge des verwendeten Lasers.*

2.4. Der Einfluß des Auflösungsvermögens der photographischen Emulsion auf die Aufnahme eines Hologramms

Um die Bilder einwandfrei zu trennen, wie es auf der Fig. 2.7 gezeigt wird, bedarf es eines stark geneigten kohärenten Untergrundes. Nehmen wir das einfache Beispiel der Fig. 2.1. In einem beliebigen Punkt M

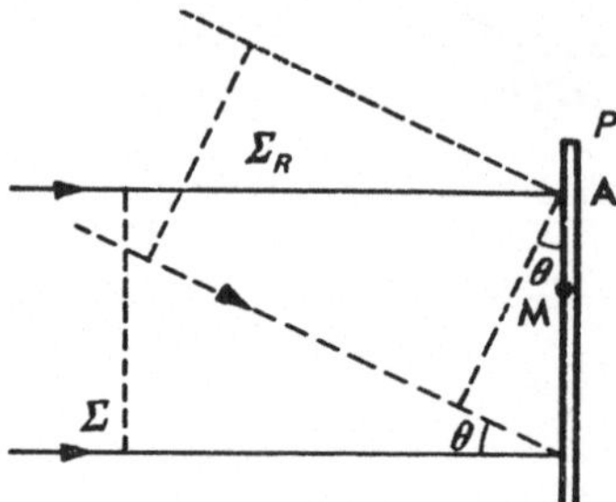

Fig. 2.11. Einfluß des Neigungswinkels θ der Referenzwelle auf die Aufnahmemöglichkeiten der Emulsion (Auflösungsvermögen)

(Fig. 2.11) ist der Gangunterschied zwischen Σ und Σ_R in der Ebene der photographischen Platte P:

$$\delta = \theta \cdot \overline{AM}. \tag{2.1}$$

Es sei a_0 die Amplitude des kohärenten Untergrundes und a die der Welle Σ. Die klassische Formel von FRESNEL ergibt die Intensität in M:

$$I = a_0^2 + a^2 + 2 a_0 a \cos \frac{2\pi\delta}{\lambda}. \tag{2.2}$$

Die hellen Interferenzstreifen entsprechen $\delta = K\lambda$, wobei K eine ganze Zahl ist. Die Entfernung zwischen zwei hellen Interferenzstreifen auf der Platte P ist gleich λ/θ. Für $\theta = 20°$ haben wir $\lambda/\theta \simeq 2\,\mu$, d.h. 500 Streifen pro Millimeter. Wenn wir wünschen, daß die Emulsion fähig ist, so enge Interferenzstreifen aufzulösen, muß die Auflösung groß sein. Gegenwärtig werden Emulsionen verwendet, deren Auflösungsvermögen 2000 bis 3000 Striche pro Millimeter erreicht.

2.5. Kohärenzlänge der von der verwendeten Lichtquelle ausgestrahlten Lichtwellen

Die Referenzwelle, die unmittelbar auf die Platte auffällt, muß mit dem von allen Objektpunkten, die die photographische Platte beleuchten, gestreuten Licht kohärent sein. Wenn das Objekt große Abmessungen hat, ist diese Bedingung erfüllt, wenn die Lichtquelle eine ausreichende Kohärenzlänge hat. Betrachten wir das vereinfachte Beispiel der Fig. 2.12. Wenn H_1, H_2 und H_3 sich in einer Ebene, die normal zum einfallenden Lichtbündel ist, befindet, so sind die optischen Wege von der Lichtquelle im Unendlichen bis zu den Punkten H_1, H_2 und H_3 einander gleich. Vom Punkt H_1 ausgehend, legt ein Strahl des Referenzbündels den Weg $H_1K_1 + K_1M'$ zurück, während vom Punkt H_3 aus der Weg nur H_3M'

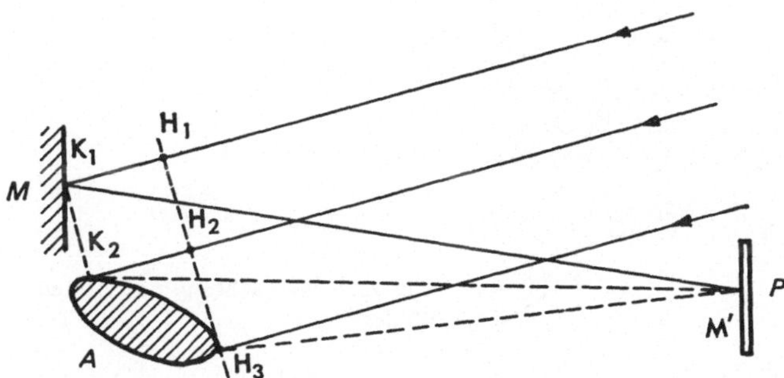

Fig. 2.12. Einfluß der Kohärenzlänge der Lichtquelle (Laser) auf die Aufnahme des Hologramms eines Objekts A

ist. Infolgedessen ist es nötig, wenn wir wollen, daß die beiden Strahlen $K_1 M'$ und $H_3 M'$ miteinander interferieren können, daß die Kohärenzlänge größer ist als die Differenz $(H_1 K_1 + K_1 M' - H_3 M')$ dieser beiden Wege. Ganz allgemein muß der Maximalwert des Gangunterschiedes zwischen der Referenzwelle und einer Welle, die von einem beliebigen Punkt des Objekts gebeugt wird, kleiner sein als die Länge der von der Lichtquelle ausgestrahlten Wellenzüge.

2.6. Kohärenter Untergrund, der von einer sphärischen Welle hervorgerufen wird

Im Vorhergehenden haben wir einen kohärenten Untergrund betrachtet, der von einem Parallellichtbündel (einer ebenen Welle) hervorgerufen wurde. Dies ist durchaus nicht nötig. Wenn die Referenzpunktlichtquelle S_R sich in einer endlichen Entfernung befindet (Fig. 2.13), so verursacht sie eine sphärische Welle, die in der Ebene der photographischen Platte P mit der Welle, die von irgendeinem Objektpunkt S herrührt, interferiert. Das resultierende Hologramm ist immer noch ein Fresnel-Hologramm, außer wenn die Krümmung der Referenzwelle

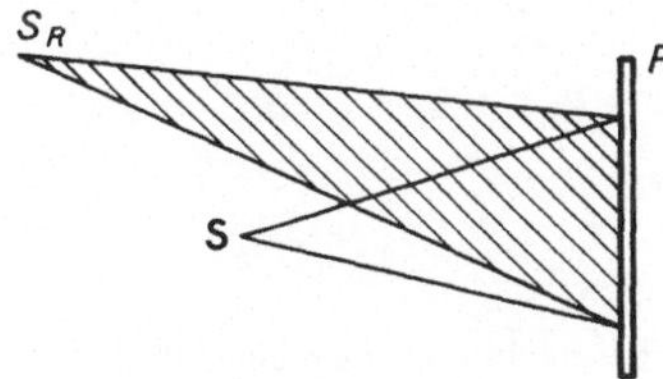

Fig. 2.13. Aufnahme mit einer sphärischen Referenzwelle

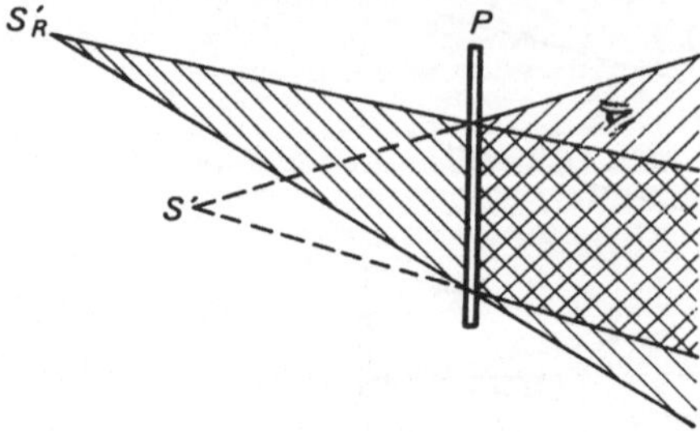

Fig. 2.14. Beobachtung des virtuellen Bildes S'

gleich der der von dem Objekt S ausgesandten Welle ist, d. h., wenn S_R und S die gleiche Entfernung von P haben. In diesem Falle haben wir ein sog. Fourier-Hologramm, dessen besondere Eigenschaften im Abschnitt 2.10 untersucht werden sollen. *Wenn das Objekt drei Dimensionen hat, erhält man ein Fourier-Hologramm, wenn die Krümmung der Referenzwelle gleich der mittleren Krümmung der von den Objektpunkten ausgestrahlten Wellen ist.*

Kehren wir zur Fig. 2.13 zurück, auf der wir ein punktförmiges Objekt S betrachten wollen. Wie bereits gesagt, ist es, wenn die Dicke der Emulsion nicht vernachlässigt werden kann, nicht möglich, die gleiche Beleuchtung zu benutzen, um das virtuelle und das reelle Bild zu sehen. Die Fig. 2.14 und 2.15 zeigen, wie wir vorgehen müssen, um gleichzeitig ein stigmatisches Bild und ein Maximum an Licht zu bekommen. Um das virtuelle Bild S' unter den besten Bedingungen beobachten zu können (Fig. 2.14), muß die Lichtquelle S_R, die für die Rekonstruktion dient, mit der Punktlichtquelle zusammenfallen, die für die Aufnahme gedient hat. Im Falle des reellen Bildes (Fig. 2.15) muß das Hologramm mit einem Lichtbündel beleuchtet werden, das zum Punkt S_R'' konvergiert, der in bezug auf P symmetrisch zu S_R ist. Das reelle Bild S'' ist in bezug auf P symmetrisch zu S'.

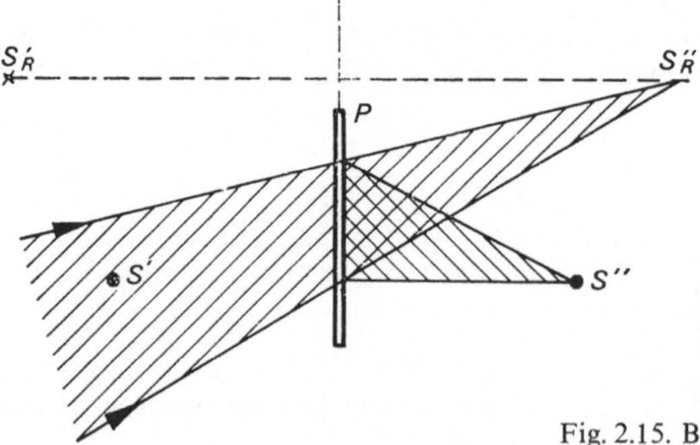

Fig. 2.15. Beobachtung des reellen Bildes S''

2.7. Zuordnung zwischen den Objektpunkten und dem Hologramm

In einer gewöhnlichen Photographie entspricht ein Punkt der photographischen Platte einem Objektpunkt. In der Holographie ist dies nicht gültig, wenn es sich um ein streuendes Objekt handelt. Jeder Objektpunkt streut Licht über das ganze Hologramm, woraus eine Zuordnung zwischen dem Objektpunkt und der gesamten Oberfläche des Hologramms resultiert. Infolgedessen genügt ein beliebiges Bruchstück, wenn man das Hologramm zerbricht, um ein streuendes Objekt in drei Dimensionen zu rekonstruieren. Dies ist ähnlich dem, was geschieht, wenn man ein photographisches Objektiv zerbricht: *ein beliebiges Bruchstück kann dazu dienen, das Bild eines Objekts zu entwerfen,* trotzdem ist dieses Vorgehen nicht zu empfehlen.

2.8. Geometrische Optik der Hologramme

Wir haben folgendes Problem: Wenn ein Objektpunkt und die Position der Referenzlichtquelle für die Aufnahme und für die Rekonstruktion gegeben sind, so ist die Position der beiden rekonstruierten Bilder des Objektpunktes zu bestimmen. In erster Annäherung kann diese Aufgabe mit den Konjugationsformeln gelöst werden, die denen für Linsen ähnlich sind (s. Abschnitt 3.5). Nehmen wir als Ursprung für die Winkel die Achse $S_R O$ der Rekonstruktionswelle an. Die Richtungen der beiden Bilder S' und S'' sind symmetrisch in bezug auf die Achse der Rekonstruktion (Fig. 2.16). Wenn die Rekonstruktionslichtquelle sich um den Winkel ε dreht, drehen sich die beiden Bilder um den gleichen Winkel. Wenn sich das Hologramm dreht, bleiben die beiden Bilder stehen. In dem Falle, wo die Referenzwelle und die Rekonstruktionswelle eben sind, sind die beiden Bilder symmetrisch zu der Achse $S_R O$ in bezug auf die Normale OH des Rekonstruktionsbündels.

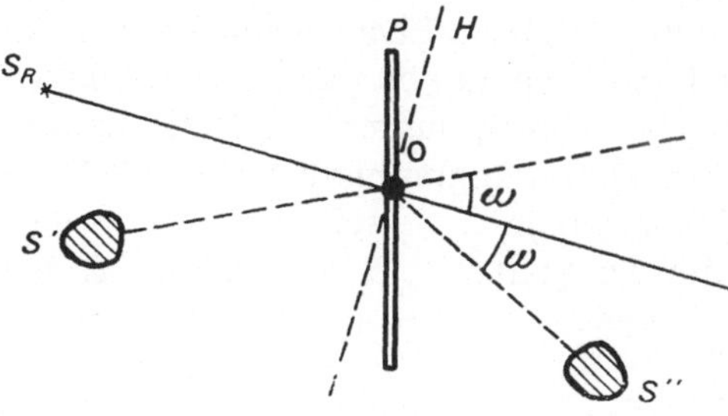

Fig. 2.16. Die Lage der Bilder

Ein wichtiges Ergebnis der Konjugationsformel bezieht sich auf die *Vergrößerung*. *p* sei die Entfernung irgendeines Objekts von der photographischen Platte. Wenn λ und λ' die Wellenlängen für die Aufnahme und für die Rekonstitution sind, so ist das Bild nicht mehr gleich dem Objekt. Die Vergrößerung *G* ist gegeben durch:

$$G = \frac{\lambda'}{\lambda}\,\frac{p'}{p}, \tag{2.3}$$

wobei p' die Entfernung des Bildes vom Hologramm ist. *Wir können also beträchtliche Vergrößerungen erzielen,* sofern die Wellenlänge λ' für die Rekonstruktion viel größer ist als die für die Aufnahme verwendete Wellenlänge λ.

2.9. Aberrationen der Hologramme*

Die Konjugationsformeln (s. Abschnitt 3.5) sind Näherungsformeln, die mit der Gaußschen Annäherung für gewöhnliche optische Systeme verglichen werden können. Bei der Entwicklung der Rechnung finden wir die klassischen Aberrationen: sphärische Aberration, Koma, Astigmatismus, Verzeichnung und schließlich chromatische Fehler für den Fall eines Wellenlängenwechsels zwischen Aufnahme und Rekonstruktion. Ein strenger Stigmatismus ist nur möglich, wenn die Rekonstruktionswelle mit der Referenzwellenlänge identisch ist, die für die Aufnahme gedient hat, ohne Rücksicht auf ihre Form.

Wenn die Referenzlichtquelle für die Aufnahme eine Punktlichtquelle ist, bedeutet die Bedingung für den Stigmatismus, daß die Punktlichtquelle für die Rekonstruktion mit der Referenzlichtquelle zur Deckung gebracht sein muß.

2.10. Fourier-Hologramme**

Wir bauen den auf Fig. 2.17 gezeigten Versuch so auf, daß sich die punktförmige Referenzlichtquelle S_R in derselben Ebene befindet wie das Objekt *A*. In diesem besonderen Fall haben die von irgendeinem Punkt S des Objektes gebeugte Welle und die von S_R ausgehende Referenzwelle die gleiche Krümmung in der Ebene der photographischen Platte *P*. Diese beiden Wellen sind nur seitlich zueinander verschoben. Die beiden Punkte S_R und S verursachen auf der Platte *P* ein System Youngscher

---

* Literaturverzeichnis 201, 212, 239.
** Literaturverzeichnis 107, 191, 289, 300.

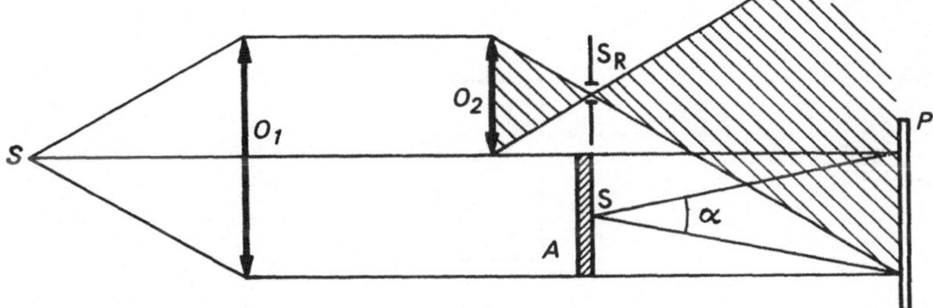

Fig. 2.17. Aufnahme eines Fourier-Hologramms

Interferenzen, wobei die Entfernung zwischen zwei aufeinanderfolgenden Streifen des gleichen Typs gleich $\lambda D/d$ ist, wobei D die Entfernung von S_R und S nach P und d die Entfernung, die S_R und S trennt, bedeuten. Jedem Objektpunkt entspricht auf der Platte P ein System sinusförmiger Interferenzstreifen, deren gegenseitiger Abstand von d abhängt. Um Bilder mit Hilfe des so hergestellten Hologrammes zu erhalten, gehen wir vor, wie auf Fig. 2.18 gezeigt. Das Hologramm P wird von einem

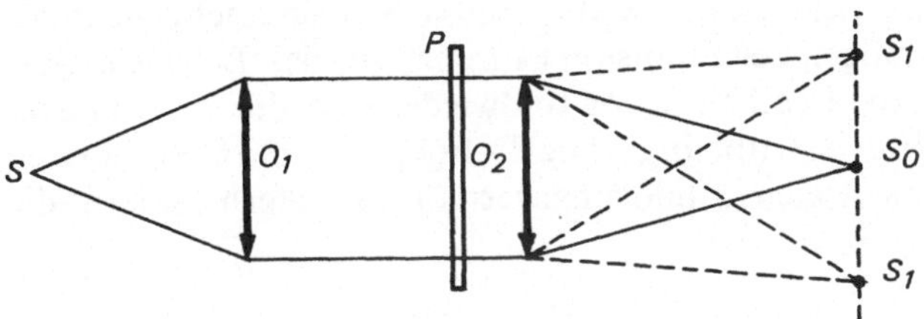

Fig. 2.18. Beobachtung der durch ein Fourier-Hologramm hervorgerufenen Bilder

Parallelstrahlenbündel beleuchtet und wir stellen ein Objektiv O_2 hinter P auf. Wir nehmen zunächst an, daß das Hologramm mit einem einzigen Objektpunkt S aufgenommen worden ist. Nach der Entwicklung haben wir ein sinusförmiges Gitter auf dem Negativ. (Wir arbeiten stets innerhalb der Bedingungen für Linearität der Emulsion.) In der Brennebene des Objektivs O_2 beobachten wir das direkte Bild S_0 und die beiden Spektren S_1 und S_1'. Diese beiden Spektren sind die rekonstruierten Bilder des punktförmigen Objektes S. Wenn das Objekt ausgedehnt ist, bleibt der Mechanismus der Bildentstehung der gleiche und wir rekonstruieren zwei Bilder zu beiden Seiten des direkten Bildes S_0 der Lichtquelle. Die Bilder S_1 und S_1' sind symmetrisch zu S_0, wie in Fig. 2.19 gezeigt, auf der

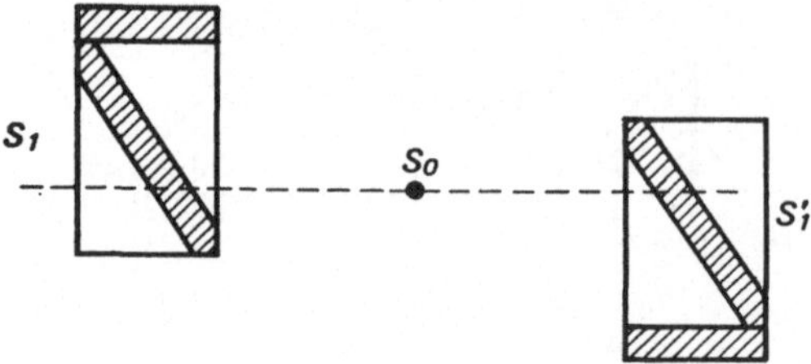

Fig. 2.19. Anordnung der von einem Fourier-Hologramm hervorgerufenen Bilder

die beiden Bilder eines beliebigen Objektes gezeigt sind. *Für diesen speziellen Hologramm-Typ, genannt Fourier-Hologramm, spielt das Auflösungsvermögen der photographischen Schicht nicht die gleiche Rolle wie im Falle der Fresnel-Hologramme,* d. h., wenn die Referenzwelle eben ist, oder wenn sie eine Krümmung aufweist, die von der mittleren Krümmung der von den Objektpunkten in der Ebene des Hologrammes ausgesandten Wellen abweicht. In der Tat folgen die sinusförmigen Interferenzstreifen, die einem Punkt S des Objektes entsprechen, um so enger aufeinander, je größer die Entfernung $d = \overline{SS_R}$ ist. Wenn der Abstand der Interferenzstreifen voneinander kleiner ist als das Auflösungsvermögen der Emulsion, ist der Punkt S nicht mehr sichtbar. Das Auflösungsvermögen der Emulsion begrenzt nur das *Beobachtungsfeld* und nicht etwa die Feinheit in der Bildwiedergabe, die nur von dem Winkel α auf der Fig. 2.17 abhängt. Die Fourier-Hologramme können deshalb Bilder sehr hohen Auflösungsvermögens liefern, sofern die Objekte eben sind.

2.11. Holographie für den Fall, daß die verschiedenen Objektpunkte inkohärent sind *

Das Prinzip der Holographie für räumlich inkohärente Beleuchtung ist das folgende: jeder Objektpunkt ist in zwei kohärente Bilder aufgespalten, die auf dem Hologramm ein System von sinusförmigen Interferenzstreifen hervorrufen. Jedes Interferenzsystem muß für die räumliche Lage des Objektpunktes charakteristisch sein, der es verursacht hat. Bei der Rekonstruktion ergibt jedes Interferenzstreifensystem, sofern das Hologramm mit kohärentem Licht beleuchtet wird, zwei punktförmige Bilder, und dies gilt für alle Objektpunkte. Wir beobachten also das Bild der Punktlichtquelle und die beiden in bezug auf das Bild der Quelle symmetrischen Objektbilder.

---

* Literaturverzeichnis 107, 183, 193, 215, 288.

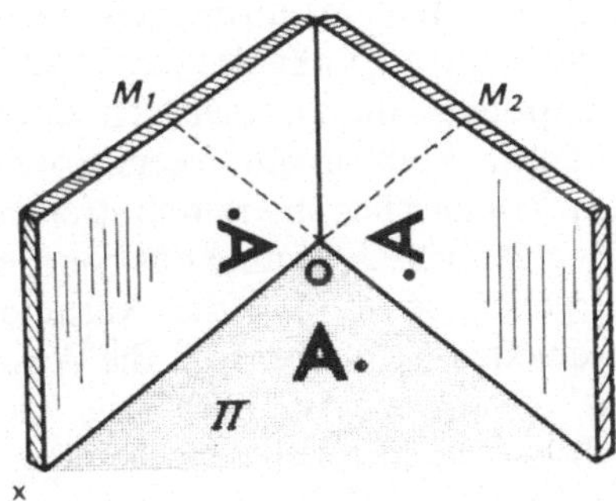

Fig. 2.20. Beispiel eines Versuchsaufbaus für die Aufnahme eines Hologramms mit räumlich inkohärenter Beleuchtung

Stellen wir uns vor, daß wir ein Hologramm von einem ebenen Objekt mit räumlich inkohärentem Licht herstellen wollen, z.B. den Buchstaben A (Fig. 2.20). Wir legen diesen Buchstaben auf eine horizontale Ebene π und stellen zwei Planspiegel M_1 und M_2 senkrecht zu der Ebene π und ebenfalls senkrecht zueinander in der Nähe des Buchstabens A auf. Wenn der Buchstabe A sich in einer solchen Position befindet, daß die Winkelhalbierende des Winkels xOy auch die Symmetrieachse ist, so beobachten wir zwei Bilder durch Reflexion auf den Spiegeln M_1 und M_2. Diese beiden Bilder sind symmetrisch in bezug auf den Punkt O. Der schwarze Punkt, der in der Nähe der einen Seite des

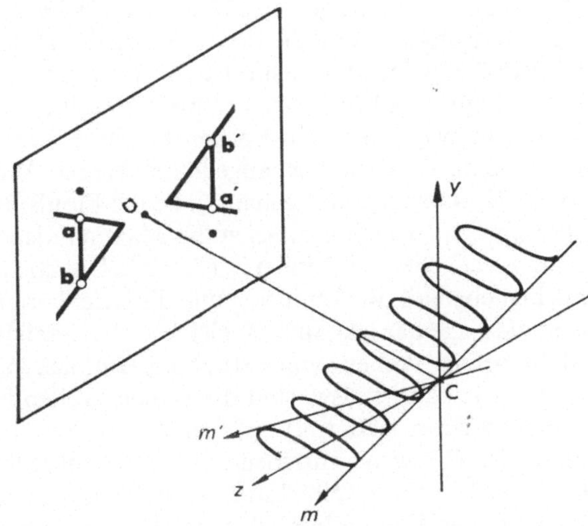

Fig. 2.21. Jeder Objektpunkt ruft zwei kohärente Bilder hervor, die auf der Platte ein System von für die Position des Objektpunktes charakteristischen Interferenzstreifen verursachen

Buchstabens A angebracht wurde, erlaubt uns die Umkehrung des einen Bildes bezüglich des anderen zu erkennen. Jeder Punkt des als Objekt dienenden Buchstabens A ruft zwei Bildpunkte, die symmetrisch zu O gelegen sind, hervor. Diese beiden Punkte können auf irgendeinem Schirm B (dem Hologramm) ein System Youngscher Interferenzstreifen hervorrufen. Kein anderer Punkt des Buchstabens A könnte das gleiche Youngsche Interferenzstreifensystem ergeben, sei es, daß der Abstand zwischen den beiden Bildpunkten verschieden ist, sei es, weil die Ausrichtung des Interferenzstreifensystems verschieden ist. Dies zeigt die Fig. 2.21. Die Punkte a und b des einen Bildes entsprechen den jeweiligen Punkten a' und b' des anderen Bildes. In einer beliebigen Ebene $c\,y\,z$ (Ebene des Hologramms) rufen die beiden kohärenten Punkte b und b' ein System von Youngschen Interferenzen hervor, das die Richtung $c\,m$, parallel zu $b\,b'$, hat. Die beiden Punkte a und a' haben den gleichen Abstand, aber die Orientierung von $a\,a'$ ist verschieden von der von $b\,b'$. Die beiden kohärenten Punkte a und a' rufen ein System Youngscher Interferenzen in der Richtung $c\,m'$ parallel zu $a\,a'$ hervor.

2.12. Der Einfluß der Dicke der photographischen Schicht *

Bisher haben wir niemals die Dicke der Emulsion berücksichtigt, die stets als vernachlässigbar angenommen wurde. In Wirklichkeit ist dies nicht so und wir werden jetzt die jeweiligen Einflüsse der Dicke der empfindlichen Schicht auf die Aufnahme und die Beobachtung der Hologramme untersuchen. Die Fig. 2.22 zeigt einen Schnitt der Emulsion durch eine Ebene (die Ebene der Figur) senkrecht zu der photographischen Platte. Die Emulsion wird von zwei parallelen Ebenen begrenzt, deren Schnitte mit der Figurenebene durch M und M' angedeutet werden. Wir betrachten eine ebene Welle Σ, „Objektwelle" genannt, die die Emulsion durchdringt. In einem bestimmten Augenblick seien die Maxima dieser Welle angezeigt durch die durchgehenden Linien a, b, c usw. Die ebene Referenzwelle Σ_R durchdringt ebenfalls die Emulsion und die strichlierten Linien a', b', c' usw. zeigen die Lage der Maxima im gleichen Augenblick an. Wir nehmen an, daß die beiden Wellen symmetrisch im Hinblick auf M und M' sind. In Punkten wie A, B, C usw. sind die beiden Wellen in Phase und ihre Amplituden addieren sich. Im Laufe der Zeit rücken die Wellen vor und die Punkte A, B, C usw. beschreiben Linien, die senkrecht zu M und M' sind. Diese werden dargestellt durch doppelte Linien in (1), (2), (3) usw. Wenn wir uns die Figur räumlich vorstellen, so haben wir Ebenen, die senkrecht zur Figurenebene sind und diese in (1), (2), (3),

---

* Literaturverzeichnis 83, 107, 298.

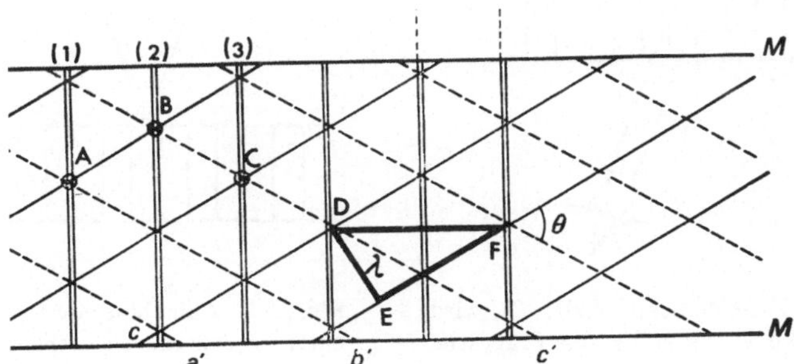

...ende Wellen, die durch die Dicke der Emulsion verursacht werden

...stoßen. Nach der Entwicklung wirken alle diese Ebenen wie ...lässige Spiegel. Die Entfernung zwischen zwei aufeinander- Maxima der gleichen Welle ist gleich $\lambda/2$, und wenn die beiden ...teinander den Winkel θ bilden, so wird die Entfernung d der ...bdurchlässigen Spiegel voneinander, nach dem Dreieck DEF, Formel

$$d = \frac{\lambda}{2\sin\dfrac{\theta}{2}} \qquad (2.4)$$

...eben.

...öchten nun die ebene „Objektwelle" Σ rekonstruieren, indem ...logramm unter den gewohnten Bedingungen mit einer ebenen ...eleuchten. Stellen wir uns vor, daß die Fortpflanzungsrichtung Σ_R' nicht die gleiche ist wie während der Aufnahme. Die Strah- ...r Welle Σ_R' (Fig. 2.23) entsprechen, bilden einen Winkel α mit ...lurchlässigen Spiegeln und die Refraktion wurde auf der ...ernachlässigt. Damit nun das Auge ein rekonstruiertes Bild der ...)bjektwelle" Σ sehen kann, müssen nach der Reflexion auf den ...lässigen Spiegeln alle Strahlen in Phase sein. Der Winkel α ...)lgende Bedingung erfüllen:

$$\sin\alpha = \pm\frac{\lambda}{2\,d}. \qquad (2.5)$$

...mel ist nichts anderes als die den Kristallographen wohlbe- ...aggsche Bedingung. Beim Vergleich der beiden Gln. (2.4) und

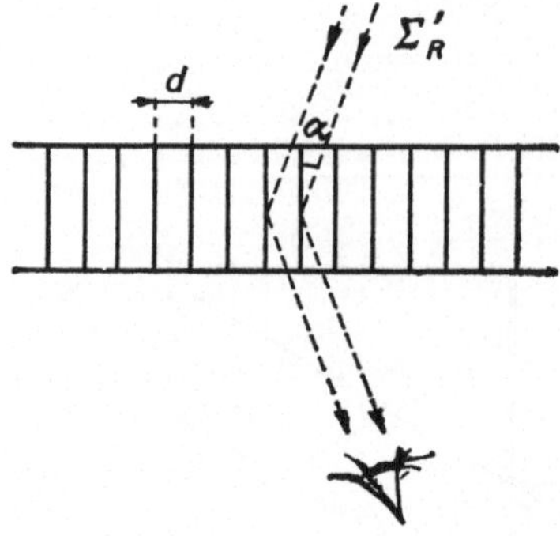

Fig. 2.23. Die einfallende Welle $\Sigma R'$ wird nur reflektiert, wenn sie die Braggsche Bedingung erfüllt

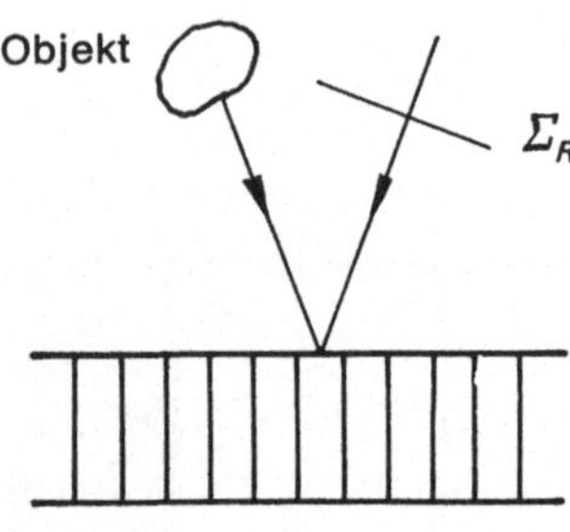

Fig. 2.24. Aufnahme des Hologramms eines Objekts und Entstehen von stehenden Wellen

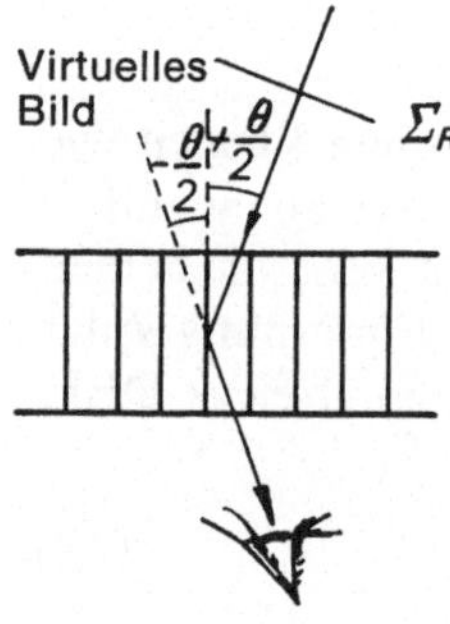

Fig. 2.25. Beobachtung des virtuellen Bildes

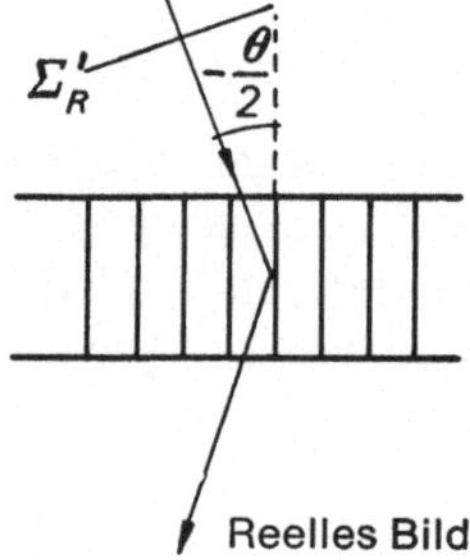

Fig. 2.26. Das reelle Bild wird nicht beobachtet

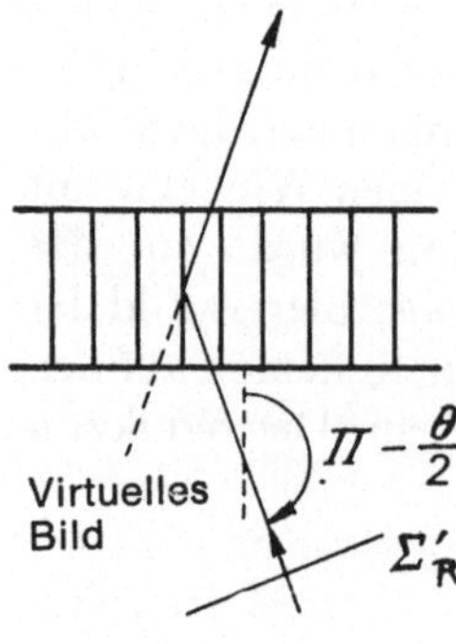

Fig. 2.27. Das virtuelle Bild wird nicht beobachtet

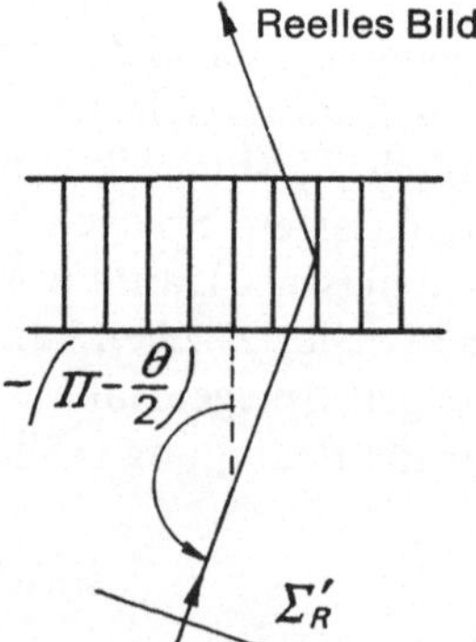

Fig. 2.28. Beobachtung des reellen Bildes

(2.5) stellt sich heraus, daß die maximale Intensität erhalten wird, wenn:

$$\alpha = \pm \frac{\theta}{2}, \qquad \alpha = \pm \left(\pi - \frac{\theta}{2} \right).\tag{2.6}$$

$\alpha = + \dfrac{\theta}{2}$ zeigt an, daß die Welle Σ_R', die das Hologramm beleuchtet, mit der ursprünglichen Referenzwelle Σ_R identisch ist. Die „Objektwelle" Σ wird also so, wie sie war, rekonstruiert. Wenn $\alpha = - \dfrac{\theta}{2}$ ist, so bedeutet das, daß die Welle Σ_R' mit Bezug auf das Hologramm die gleiche Richtung hat wie die Objektwelle Σ. Die ebene Objektwelle Σ wird in der Richtung $+ \dfrac{\theta}{2}$ rekonstruiert. In gleicher Weise ist für $\alpha = - \left(\pi - \dfrac{\theta}{2} \right)$ die Welle Σ_R' im umgekehrten Sinn zu der ursprünglichen Referenzwelle gerichtet, während sie für $\alpha = \pi - \dfrac{\theta}{2}$ in umgekehrtem Sinn zu der „Objektwelle" gerichtet ist. Alle diese Feststellungen, die für eine ebene Objektwelle gelten, können für ein beliebiges Objekt verallgemeinert werden (Fig. 2.24), indem die Objektwelle in ebene Wellen zerlegt wird und die gleichen Überlegungen für jede ebene Welle angestellt werden, wie weiter oben erklärt wurde. Die wichtige Schlußfolgerung ist, daß für eine dicke Emulsion *das Hologramm die Objektbilder nur rekonstruiert, wenn es in einer passenden Richtung beleuchtet wird.* Die vorhergehende Diskussion ist auf den Fig. 2.24, 2.25, 2.26, 2.27 und 2.28 zusammengefaßt.

1) Die Welle Σ_R', die das Hologramm beleuchtet, ist mit der ursprünglichen Referenzwelle Σ_R identisch (Fig. 2.25). Das Hologramm rekonstruiert ein mit dem Objekt identisches virtuelles Bild, wie wir bereits gesehen haben (Abschnitt 2.6).

2) Die Welle Σ_R' pflanzt sich in der gleichen Richtung fort wie das Objektbündel (Fig. 2.26). Wir erhalten ein reelles Bild, aber die Welle Σ_R' genügt nicht für alle Wellen, die vom Objekt herkommen, der Braggschen Bedingung. Das Hologramm reproduziert also nur einen Teil des Objektes.

3) Die Welle Σ_R' ist entgegen dem Sinne des Objektbündels gerichtet (Fig. 2.27). Wir erhalten ein virtuelles Bild, das aus den vorhergehenden Gründen nur wenig brauchbar ist (Fall 2).

4) Die Welle Σ_R' ist dem Sinne der ursprünglichen Referenzwelle entgegengerichtet (Fig. 2.28). Wir erhalten ein reelles Bild.

Alle diese vorhergehenden Resultate haben zur Bedingung, daß die Emulsion dick ist, und man kann sagen, daß dies der Fall ist, wenn die Dicke der Emulsion viel größer ist als die Entfernung d zwischen den halbdurchlässigen Spiegeln. Wenn die Dicke der Emulsion klein ist im Verhältnis zu d, ist der Braggeffekt vernachlässigbar und das Hologramm hat die Eigenschaften eines zweidimensionalen Mediums, wie wir es zu Beginn untersuchten.

2.13. Farbige Holographie*

Die Technik der farbigen Holographie beruht im wesentlichen auf den folgenden zwei Punkten:

1) Die Eigenschaften eines dreidimensionalen Mediums der photographischen Schicht (Abschnitt 2.12).

2) Die Methode der Farbphotographie nach LIPPMANN (s. Abschnitt 1.14).

Wir haben bereits die Existenz von halbdurchlässigen Ebenen in der Emulsion festgestellt, die von den Interferenzen der Objektwelle und der Referenzwelle herrühren. Betrachten wir noch einmal den Fall der Fig. 2.25. Das Hologramm wird von einer Welle Σ'_R beleuchtet, die mit der ursprünglichen Referenzwelle identisch ist, die für die Aufnahme des Hologramms gedient hat. Dies bedeutet im besonderen, daß die Wellenlänge bei der Rekonstruktion die gleiche ist wie bei der Aufnahme. Wir erhalten eine Rekonstruktion der Objektwelle mit einem Maximum an Intensität. Wir ändern jetzt nur die Wellenlänge von Σ'_R und beleuchten mit einer Wellenlänge λ', die von der Wellenlänge λ für die Aufnahme verschieden ist. Da sich der Abstand d zwischen den einzelnen halbdurchlässigen Ebenen nicht geändert hat, können die reflektierten Wellen nicht gleichzeitig für λ und λ' in Phase sein. Die Wellenlänge λ' wird praktisch nicht mehr reflektiert. Wir beleuchten nun mit weißem Licht. Nur die Wellenlänge λ, die für die Aufnahme gedient hat, ergibt ein Bild, während die anderen sich durch Interferenz auslöschen. Das Hologramm wirkt wie ein echtes Interferenzfilter.

Die günstigsten Bedingungen sind nicht die der Fig. 2.24, sondern die der Fig. 2.29. Wenn die „Objektwelle" Σ' und die Referenzwelle Σ'_R entgegengesetzt gerichtet sind, rufen die stationären Wellen halbdurchlässige Ebenen hervor, die parallel zu den Oberflächen, die die Emulsion begrenzen, sind. Dies ist die Anordnung, die im Falle der farbigen Photographie nach LIPPMANN erhalten wurde. Die Entfernung d zwischen zwei halbdurchlässigen Ebenen ist gleich $\lambda/2$. Bei der Rekonstruktion erhalten wir ein virtuelles Bild, wenn wir mit einer Welle Σ'_R beleuchten, die mit Σ_R identisch ist, und indem wir die Reflexion beobachten (Fig. 2.30). Um das reelle Bild zu sehen, beleuchten wir das Hologramm mit einer

---

* Literaturverzeichnis 44, 60, 84, 298.

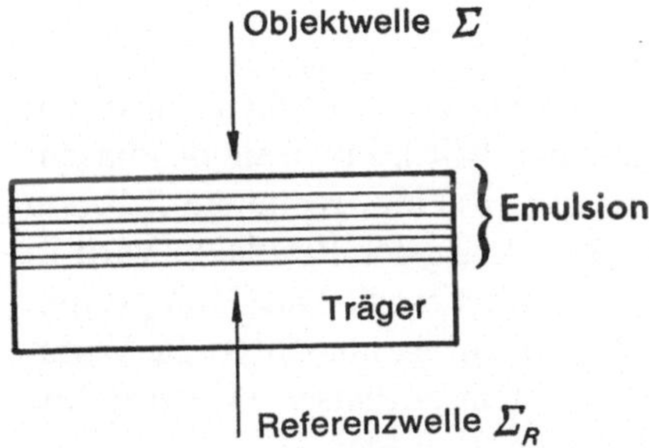

Fig. 2.29. Aufnahme eines Hologramms, wobei die Emulsion auf einer Seite vom Objekt, auf der anderen Seite von der Referenzwelle beleuchtet wird

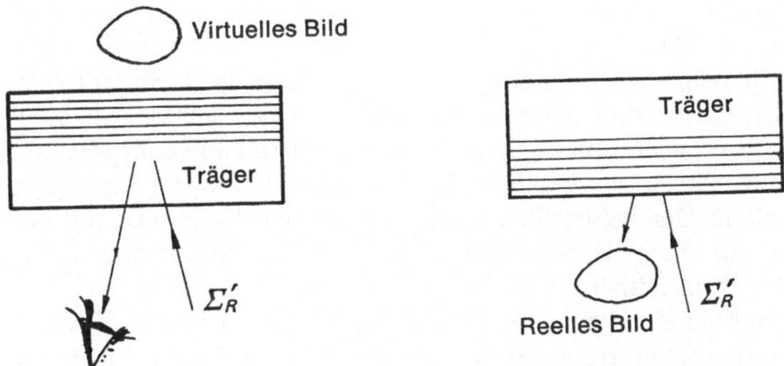

Fig. 2.30. Beobachtung des virtuellen Bildes   Fig. 2.31. Beobachtung des reellen Bildes

Welle Σ_R' in entgegengesetztem Sinn als dem der Welle Σ_R (Fig. 2.31). In jedem Fall wird, wenn das Beleuchtungslicht bei der Rekonstruktion weiß ist, das Bild mit der Farbe gesehen, die der Wellenlänge entspricht, die für die Aufnahme verwendet wurde. Alle anderen Wellenlängen werden durch Interferenz zerstört. Wir beleuchten nun das Objekt mit drei verschiedenen Wellenlängen bei der Aufnahme. Wie LIPPMANN bereits gezeigt hat, können stehende Wellen, die verschiedenen Wellenlängen entsprechen, mit der gleichen Emulsion aufgenommen und durch Reflexion reproduziert werden. Folglich ergibt das Hologramm, wenn das Objekt mit drei passend gewählten Wellenlängen während der Aufnahme beleuchtet wurde, ein farbiges, räumliches Bild, wenn die Rekonstruktion mit weißem Licht vorgenommen wird.

2.14. Phasen-Hologramme

Die Hologramme, die wir betrachtet haben, sind in ihrer Struktur durch
Variationen der Schwärzung gekennzeichnet. Wir können sie in Phasen-
Hologramme umwandeln, indem wir sie in eine geeignete Lösung
eintauchen (gebleichtes Hologramm). Die Dicke der Emulsion wird in
dem Maße verringert, als die Schwärzung stärker ist. Das Hologramm
wird vollständig durchsichtig, und seine Struktur ist nur durch die Varia-
tion der Emulsionsdicke gekennzeichnet. Diese Phasen-Hologramme
sind offensichtlich lichtstärker und ergeben gute Bilder.

2.15. Anwendung der Holographie für die Interferometrie*

In allen klassischen Interferometern läßt man zwei Wellen interferieren,
die von der gleichen Lichtquelle herrühren, d.h. im gleichen Augenblick
ausgestrahlt werden. Gewöhnliche Lichtquellen, außer den Lasern,
ergeben Wellenzüge von sehr kurzer Dauer und es ist nicht möglich,
Interferenzen von verschiedenen Lichtquellen zu beobachten.

Die Holographie erlaubt es, diese Schwierigkeit auf eine sehr elegante
Weise zu umgehen, ohne, wohlgemerkt, die physikalischen Gesetze in
Frage zu stellen. Der wesentliche Punkt beruht wieder einmal auf der
Möglichkeit, auf einem Hologramm Phase und Amplitude einer belie-
bigen Welle aufzuzeichnen.

Wir betrachten eine ebene Welle Σ (Fig. 2.32). Dies ist die „Objektwelle". Um ein Hologramm auf der Platte P aufzunehmen, fügen wir
der Welle Σ eine kohärente Welle Σ_R zu, die wir als eben annehmen.

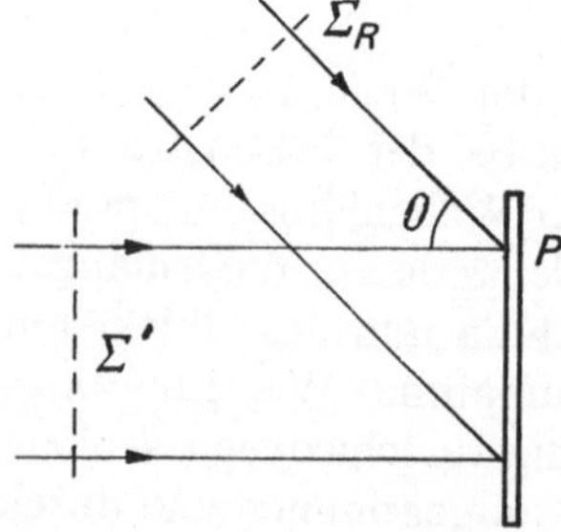

Fig. 2.32. Erste Aufnahme

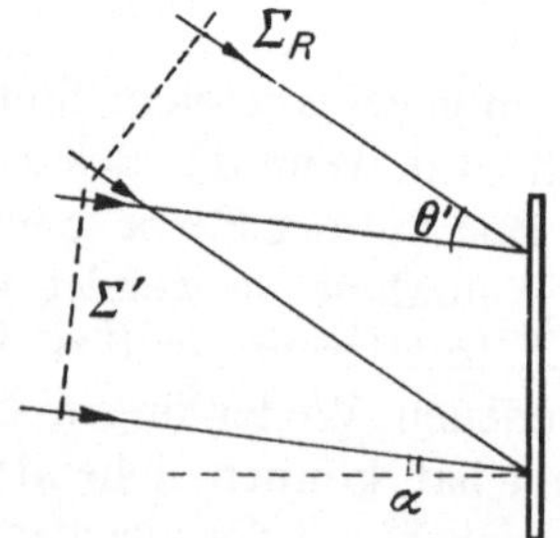

Fig. 2.33. Zweite Aufnahme

---

* Literaturverzeichnis 29, 116, 118, 127, 283, 293, 336. Siehe auch Abschnitte 3.6, 3.7
und 3.8.

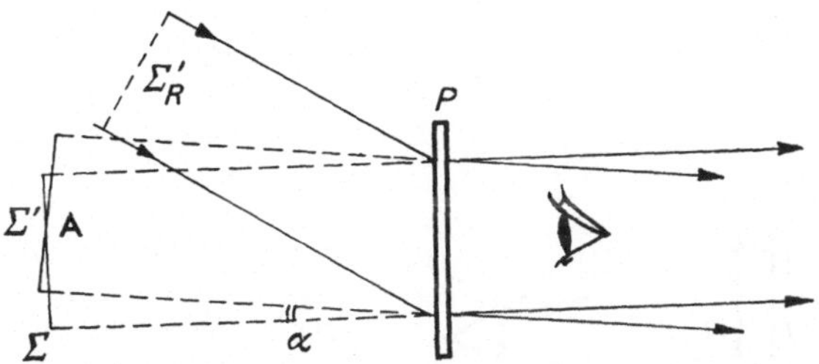

Fig. 2.34. Bei der Rekonstruktion sehen wir die Interferenzen der beiden Wellen Σ und Σ', die zu verschiedenen Zeiten aufgenommen wurden

Vor der Entwicklung belichten wir ein zweites Mal und geben dabei der Objektwelle eine etwas verschiedene Neigung. Diese neue Welle ist auf der Fig. 2.33 als Σ' dargestellt. Wir entwickeln jetzt unter den üblichen Linearitätsbedingungen. Wenn wir das so erhaltene Hologramm mit einer Welle Σ'_R beleuchten, die mit Σ_R identisch ist (Fig. 2.34), so rekonstruieren wir die beiden Wellen Σ und Σ' in *Phase* und *Amplitude*. Da das Hologramm mit einer Punktlichtquelle beleuchtet wird, sind die beiden Wellen Σ und Σ' kohärent und fähig zu interferieren. In einem beliebigen Gebiet A, in dem die Wellen sich überlagern, sehen wir gerade, parallele Interferenzstreifen, die gleiche Abstände voneinander haben. Dank der Eigenschaften der Hologramme haben wir zwei Wellen interferieren lassen, die zu verschiedenen Zeiten aufgezeichnet wurden. Wohlgemerkt ist diese Erscheinung nicht möglich, wenn während der Aufnahme die kohärente Welle Σ_R unterdrückt wurde. Betrachten wir den Aufbau der Fig. 2.33 noch einmal. Wir haben eine Aufnahme mit der einfallenden ebenen Welle Σ gemacht und bringen nun ein transparentes Objekt A in das einfallende Lichtbündel (Fig. 2.35). Die einfallende Welle wird, durch die Phasenveränderungen des transparenten Objektes verformt, zu der Welle Σ'. Wir belichten nun ein zweites Mal, entwickeln

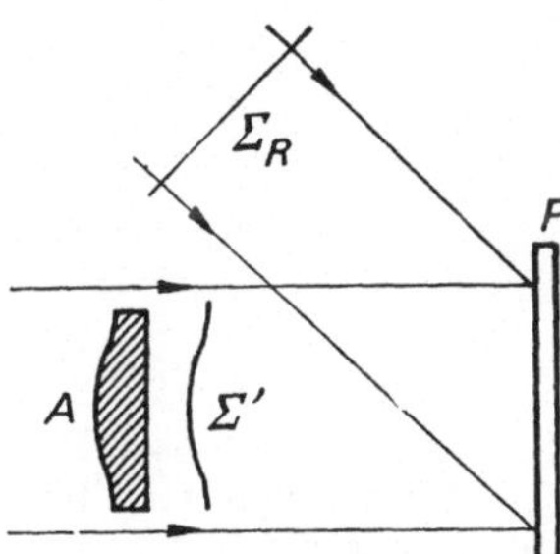

Fig. 2.35. Erste Aufnahme mit dem Phasenobjekt A, zweite Aufnahme ohne das Objekt A

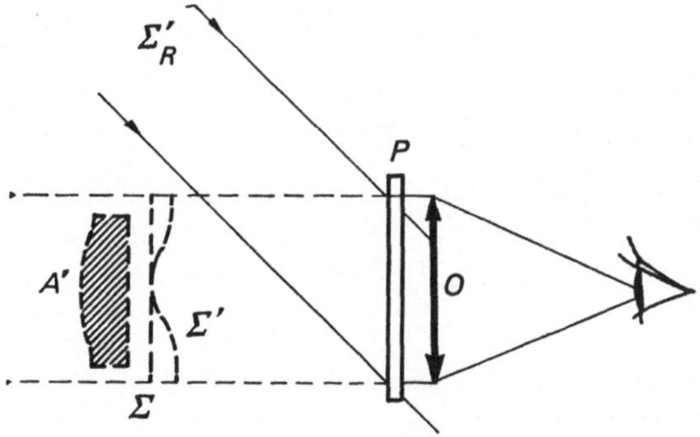

Fig. 2.36. Bei der Rekonstruktion sehen wir die Interferenzstreifen, die die Linien $(n-1)\,e =$ Konstant anzeigen, wobei e die Dicke und n der Brechungsindex von A sind

und beleuchten anschließend das Hologramm unter den gleichen Bedingungen wie während der Aufnahme. Wir beobachten die Interferenzen der ebenen Welle Σ, die mit der ersten Belichtung aufgezeichnet wurde, mit der deformierten Welle Σ'. Wir finden Interferenzstreifen, die die Linien gleichen Gangunterschiedes des Objekts A bezeichnen. Wenn in einem Punkt des Objekts die Dicke gleich e und der Brechungsindex gleich n ist, so entsprechen die Interferenzstreifen den Linien $(n-1)\,e =$ Konstante. Für den Fall, daß das Objekt A einen konstanten Brechungsindex hat, bezeichnen die Interferenzstreifen die Linien gleicher Dicke in A genauso, als ob sich A in einem klassischen Interferometer, wie z. B. einem Mach-Zehnder-Interferometer, befände.

Um die Interferenzstreifen im virtuellen Bild zu sehen, wird das Bild so beleuchtet, wie es auf Fig. 2.36 gezeigt ist. Die Augenpupille befindet sich im Brennpunkt eines Objektivs O, das an das Hologramm angelegt ist. Das Auge benutzt das Objektiv O, um sich auf das Bild A' des Objektes A einzustellen. Es ist leicht zu sehen, daß jede Abblendung des Hologrammes hier eine Verkleinerung des Gesichtsfeldes zur Folge hat.

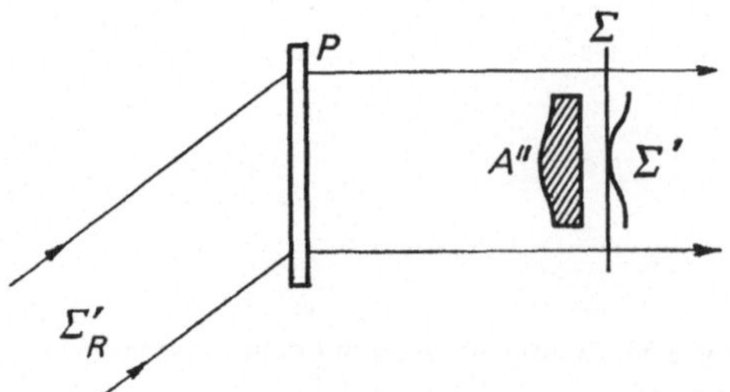

Fig. 2.37. Beobachtung der Interferenzen im reellen Bild

Es ist möglich, ein reelles Bild des Objektes mit den Interferenzstreifen zu erhalten, wenn wir mit einem parallelen Lichtbündel beleuchten, das mit dem Lichtbündel, das zur Aufnahme verwendet wurde, identisch ist (Fig. 2.37). Wenn wir einen Schirm in die Ebene des Bildes A'' bringen (wobei wir annehmen, daß das Objekt dünn ist), sehen wir die Interferenzstreifen, die den Linien gleicher Phasendifferenz im Objekt entsprechen.

2.16. Interferometrie mit einem streuenden Schirm *

Ein streuender Schirm D wird mit kohärentem Licht bestrahlt, und das transparente Objekt A ist an den Schirm D gelegt (Fig. 2.38). Wie im Vorhergehenden, machen wir eine Aufnahme mit der kohärenten

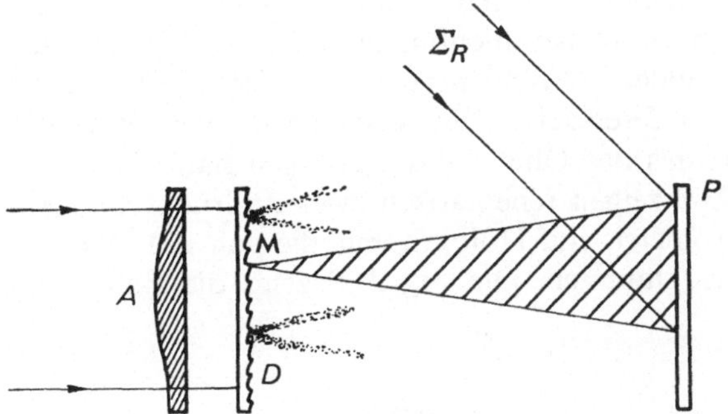

Fig. 2.38. Interferenzen durch einen Streuschirm D hindurch

Welle Σ_R. Das Objekt A wird entfernt, ohne sonst etwas am Aufbau zu ändern. Wir belichten ein zweites Mal und entwickeln dann. Das so erhaltene Hologramm zeigt Interferenzstreifen, die die Linien $(n-1)\,e =$ Konstante des Objekts A anzeigen. Betrachten wir also einen beliebigen Punkt M, nahe einem Gebiet von A, dessen Dicke e und dessen Brechungsindex n ist. Die Phase hat in M einen bestimmten Wert, den wir nicht zu kennen brauchen. Wir entfernen jetzt das Objekt A. Am gleichen Punkt M wird der auf A entfallende optische Weg $n\,e$ durch einen optischen Weg (in Luft) e ersetzt. Infolgedessen hat sich der optische Weg zwischen zwei Aufnahmen um $(n-1)\,e$ geändert. Da wir die beiden

---

* Literaturverzeichnis 24, 58, 191.

entsprechenden Wellen interferieren lassen können, beobachten wir Interferenzen mit einem Gangunterschied $(n-1)\,e$. Wenn sich nur e zwischen zwei Punkten von A ändert, so bezeichnen die Interferenzstreifen die Linien gleicher Dicke von A. Wir bemerken einen wichtigen Unterschied zu den Interferenzen, die ohne Streuschirm erhalten wurden (Abschnitt 2.14): im Falle der Fig. 2.38 streut jeder Punkt M von D Licht auf das gesamte Hologramm P, und folglich beeinflussen die Veränderungen des optischen Weges $(n-1)\,e$ die gesamte Oberfläche des Hologramms. Wie im Falle eines streuenden Objektes (Abschnitt 2.3) genügt ein beliebiger Teil des Hologramms, um die Erscheinung zu rekonstruieren. Das Bild und die Interferenzstreifen können direkt mit dem Auge, ohne zusätzliche Optik, beobachtet werden.

Es ist auch möglich, das Phasenobjekt zwischen den Streuschirm D und das Hologramm zu stellen. Für eine Aufnahme ist das Phasenobjekt dort; für die zweite wird es entfernt. Die Beobachtung erfolgt mit einem Objektiv, das gegen das Hologramm gehalten wird, und einer Blende, die im Brennpunkt ein kleines Loch hat. Auf diese Weise dringen die Strahlen ins Auge, die ein Parallelstrahlenbündel zwischen dem Diffusor und dem Hologramm bilden. Durch Verschieben des Loches sehen wir das Aussehen des Interferenzfeldes für verschiedene Neigungen des Parallelstrahlenbündels, das das Objekt durchdrungen hat.

Die Fig. 2.39 und 2.40 zeigen schematisch zwei eindrucksvolle Anwendungen der Interferometrie mit Holographie, die von R. E. Brooks und seinen Mitarbeitern stammen. Die Fig. 2.39 zeigt die Luftdruck-

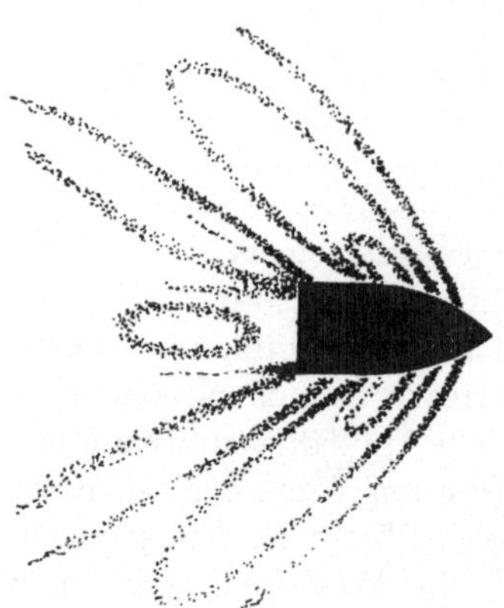

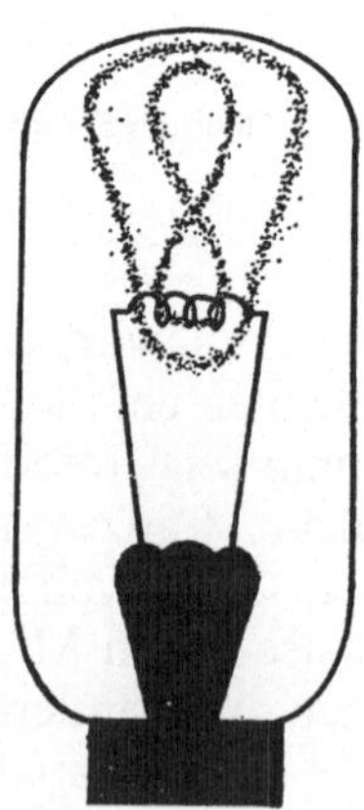

Fig. 2.39. Interferenzstreifen in der Nähe eines Geschosses (nach R. E. Brooks u. Mitarb.)

Fig. 2.40. Konvektionsströme in der Nähe eines Glühfadens (nach R. E. Brooks u. Mitarb.)

64

änderungen in der Nähe eines Geschosses so, als ob die Photographie mit einem klassischen Interferometer angefertigt worden wäre. Mit der ersten Belichtung wird das durch den Streuschirm gestreute Licht mit dem kohärenten Untergrund aufgenommen. Für die zweite Belichtung wird nichts am Aufbau geändert, aber die Photographie wird im Augenblick des Vorbeifliegens des Geschosses vor dem Streuschirm aufgenommen.

Die Fig. 2.40 zeigt die Konvektionsströme über dem Glühfaden einer Lampe. Der Glühfaden wird während der ersten Belichtung nicht eingeschaltet, und die Aufnahme wird mit dem kohärenten Untergrund gemacht, mit der Lampe vor dem Streuschirm. Während der zweiten Aufnahme ist nichts am Aufbau geändert, aber der Glühfaden wird erhitzt. Der gläserne Körper der Lampe ist während beider Aufnahmen da, und seine optischen Fehler stören die Beobachtung überhaupt nicht. Dies ist offensichtlich für die klassische Interferometrie nicht der Fall.

2.17. Interferometrie streuender Objekte *

Die Holographie erlaubt es, streuende Objekte interferometrisch zu untersuchen, was mit den anderen Methoden nicht möglich ist, und dies stellt vielleicht eine der bemerkenswertesten Möglichkeiten der Hologramme dar. Betrachten wir ein beliebiges Objekt A, z.B. eine Platte aus einer streuenden Substanz. Zur Vereinfachung nehmen wir an, daß das Objekt A, das von einer Lichtquelle beleuchtet wird, eine einheitliche Oberfläche besitzt. Wir nehmen ein Hologramm des Objekts A auf (Fig. 2.41). Nach der Entwicklung bringen wir das Hologramm wieder genau in die Stellung, die es während der Aufnahme einnahm. Das Objekt A ändert ebenfalls seine Stellung nicht. Wir

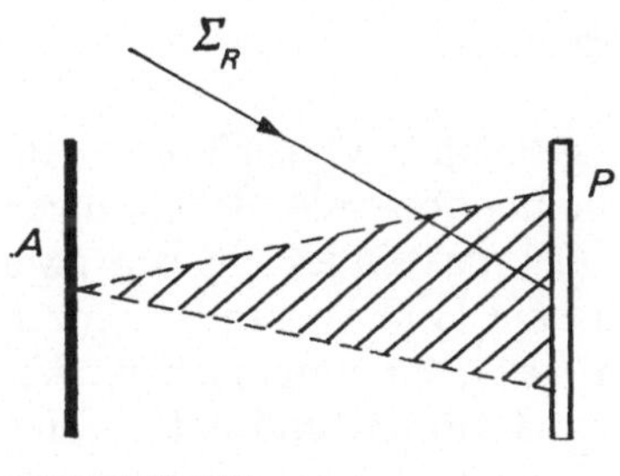

Fig. 2.41. Aufnahme des Hologramms eines streuenden Objekts A

* Literaturverzeichnis 334.

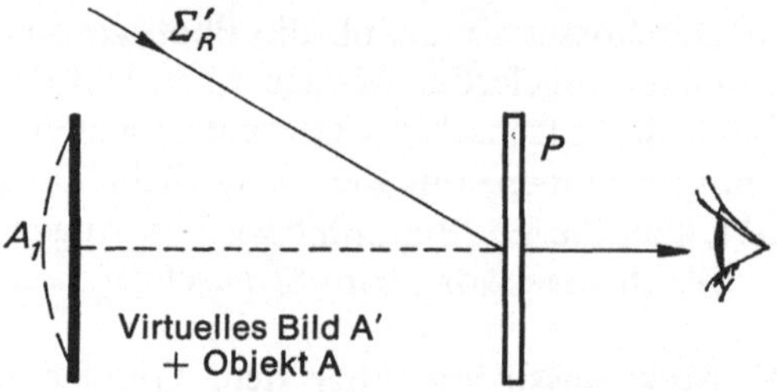

Fig. 2.42. Durch Koinzidenz des Objekts A und seines, durch das Hologramm P gegebenen, virtuellen Bildes A' hervorgerufene Interferenzen

beleuchten mit einem Bündel Σ'_R, das mit Σ_R identisch ist (Fig. 2.42). Das vom Auge beobachtete virtuelle Bild interferiert mit dem Objekt A selbst, wobei dieses mit der gleichen Lichtquelle beleuchtet wird. (Das A beleuchtende Lichtbündel wird auf Fig. 2.42 nicht gezeigt.) Wenn das Objekt keinerlei Verformung seit dem Augenblick der Hologramm-Aufnahme erlitten hat, fallen A und A' genau zusammen, und der Zustand der Interferenzen ist überall der gleiche. Die Interferenzen zwischen A und A' ändern daran nichts, und das Bild ist einheitlich wie das Objekt A. Wir verformen nun leicht das Objekt A, das sich z.B. in A_1 einbiegt. Es kommt zu Interferenzen zwischen A' und A_1, und die Interferenzstreifen, die für die Verformung charakteristisch sind, erscheinen sofort.

Die Verformung kann durch zwei aufeinanderfolgende Aufnahmen des Objekts auf dem gleichen Hologramm beobachtet werden. Während der ersten Aufnahme ist das Objekt nicht verformt; es ist jedoch während der zweiten Belichtung verformt. Bei der Beobachtung rekonstruiert das Hologramm zwei Bilder, von denen das eine in der Position A der Fig. 2.42 ist und das andere in der Position A_1. Diese beiden Bilder interferieren, und die für die Verformung charakteristischen Interferenzstreifen erscheinen.

2.18. Holographie von Objekten in Bewegung *

Wir betrachten noch einmal den vorhergehenden Versuch mit dem Objekt A, das sich verformt. Zwei aufeinanderfolgende Belichtungen auf demselben Hologramm erlaubten es uns, das Objekt in den zwei Positionen A und A' zu rekonstruieren und mit Hilfe von Interferenzen die Verformung, die zwischen A und A' liegt, zu untersuchen. Wir können uns nun vorstellen, daß das Objekt A vibriert und daß A' eine

---

* Literaturverzeichnis 246, 247.

Position des Objektes in einem bestimmten Augenblick war. Nichts hindert uns daran, die aufeinanderfolgenden Augenblicke auf dem gleichen Hologramm aufzunehmen: bei der Beobachtung werden wir so viele Bilder rekonstruieren, wie Momentaufnahmen aufgenommen wurden, und alle diese Bilder werden interferieren. Wir verallgemeinern, indem wir eine einzige Aufnahme machen, während derer das Objekt A in einer beliebigen Weise schwingt. Nach der Entwicklung beobachten wir das Hologramm unter den üblichen Bedingungen. Es zeigt sich, daß die Intensität in jedem Punkt des Bildes von der Schwingungsamplitude abhängt. Wenn die Schwingung sinusförmig ist, wobei wir annehmen, daß das streuende Objekt A einheitlich ist wie im Vorhergehenden, ist die Intensität proportional zu:

$$J_0^2(2Kp_0), \tag{2.7}$$

wobei p_0 die Schwingungsamplitude im Aufpunkt ist, J_0 die Besselfunktion nullter Ordnung und $K = 2\pi/\lambda$. Die Intensität in jedem Punkt ist unabhängig von der Schwingungsfrequenz. R.L. POWELL und K.A. STETSON haben so die verschiedenen Schwingungsmoden einer schwingenden Platte am Ende eines Zylinders untersucht. Es werden schwarze Linien beobachtet, die Linien konstanter Amplitude sind und den Nullstellen der Besselfunktion J_0 entsprechen. Die Fig. 2.43 und 2.44 stellen schematisch die beiden Schwingungsmoden dar.

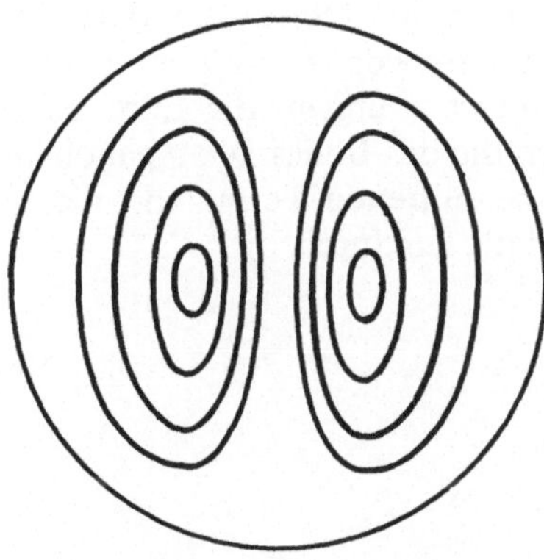

Fig. 2.43. Interferenzstreifen, die bei der Untersuchung einer schwingenden Platte erhalten wurden (nach R.L. POWELL und K.A. STETSON)

Fig. 2.44. Interferenzstreifen, die bei der Untersuchung einer schwingenden Platte erhalten wurden (nach R.L. POWELL und K.A. STETSON)

2.19. Hologramme, die durch ein die Phase beeinflussendes Medium aufgenommen wurden*

Wir nehmen das Hologramm eines beliebigen Objektes A (Fig. 2.45) auf und bringen eine Mattscheibe D zwischen das Objekt und das Hologramm. Die Referenzwelle Σ_R wird durch einen einfachen Pfeil

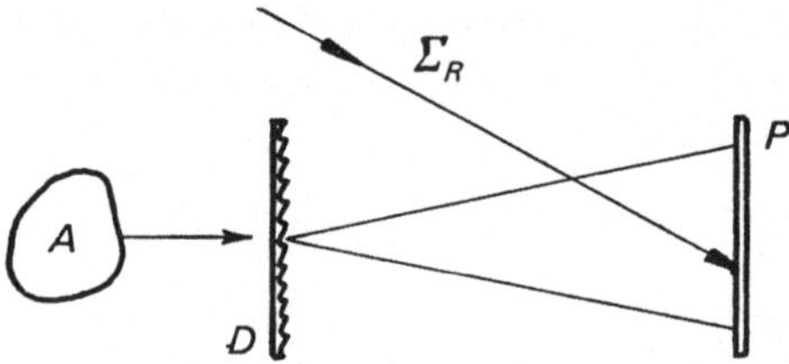

Fig. 2.45. Aufnahme des Hologramms eines Objekts A durch ein phasenschiebendes Medium D

bezeichnet. Nach der Entwicklung beleuchten wir das Hologramm so, daß wir ein reelles Bild D' des Streuschirms erhalten (Fig. 2.46). $\Phi(x, y, z)$ sei die Phase in einem beliebigen Punkt x, y, z des Streuschirms. Die komplexe Amplitude wird durch die Funktion $e^{j\Phi}$ dargestellt. An dem gleichen Punkt x, y, z des Bildes D' des Streuschirms ist die komplexe Amplitude $e^{-j(\Phi+\varphi)}$, wobei φ die Wirkung des Objekts A darstellt. Wenn wir den Streuschirm D selbst in Koinzidenz mit dem reellen Bild D' aufstellen, werden die Phasenverschiebungen, die durch den Streuschirm hervorgerufen werden, durch die des Bildes D' aufgehoben. Es verbleibt nur der von dem Objekt herrührende Term, und dieser erscheint wie durch eine planparallele Platte hindurch.

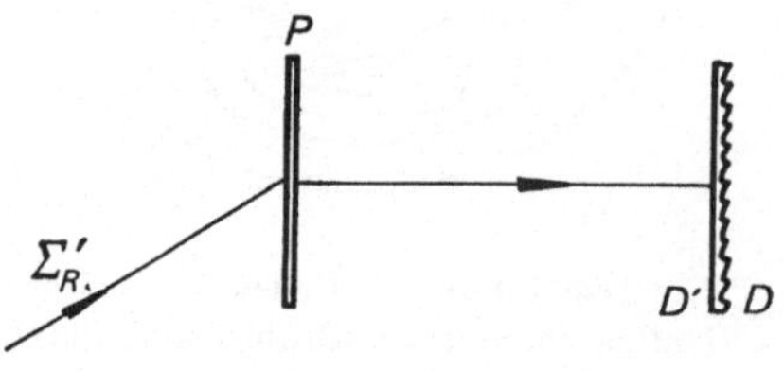

Fig. 2.46. Koinzidenzeinstellung des reellen Bildes D' und des Phasenobjekts D

* Literaturverzeichnis 175, 176.

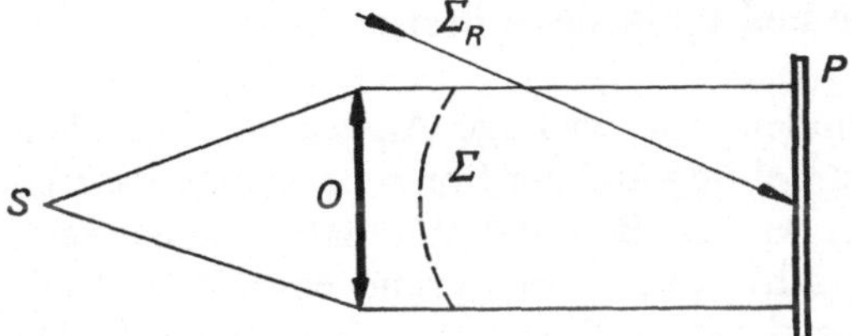

Fig. 2.47. Aufnahme des Hologramms eines mit Abbildungsfehlern behafteten Objektivs

Das gleiche Prinzip kann dazu benutzt werden, um die Abbildungsfehler eines Objektivs zu korrigieren (Fig. 2.47). Eine Punktlichtquelle S befindet sich im Brennpunkt eines Objektivs O, das auf Unendlich eingestellt ist. Wenn das Objektiv O Abbildungsfehler aufweist, ist die Welle Σ nicht eben und ihre Verformungen charakterisieren die Abbildungsfehler des Objektivs. Wir können die Amplitude in einem beliebigen Punkt der Welle Σ durch einen Ausdruck der Form $e^{j\Phi}$ darstellen, wobei Φ die Phasenänderung ist, die durch die Abbildungsfehler hervorgerufen wird. Wir nehmen das Hologramm auf und benutzen es, um das gleiche Objektiv zu beleuchten, wie es die Fig. 2.48 zeigt. Das Lichtbündel, das aus P hervorgeht und an der Entstehung eines reellen Bildes von Σ mitwirkt, wird von dem Objektiv O aufgenommen. Dieses reelle Bild von Σ, das durch den Ausdruck $e^{-j\Phi}$ dargestellt wird, korrigiert die Bildfehler des Objektivs, die als $e^{j\Phi}$ erscheinen. Für das Bild S' der Punktlichtquelle sind die Bildfehler korrigiert.

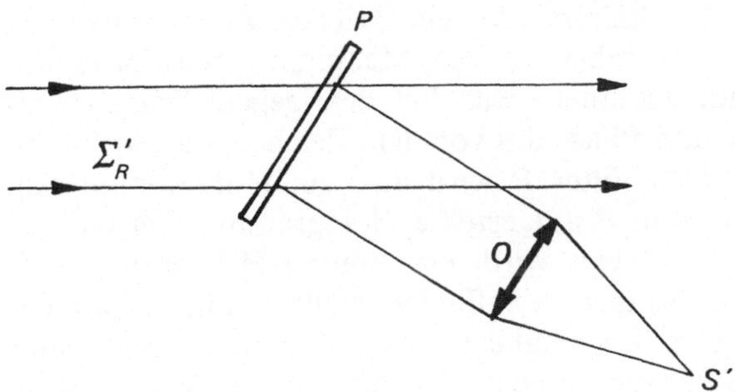

Fig. 2.48. Korrektion der Abbildungsfehler durch Beleuchtung des Objektivs durch das Hologramm P

2.20. Fourier-Hologramme und optisches Filtern*

Die Fourier-Hologramme finden eine wichtige Anwendung auf dem Gebiete der Informationsverarbeitung und der Formenerkennung durch optisches Filtern. Betrachten wir ein Beispiel: Wir haben einen Text, der viele weiße Zeichen auf schwarzem Hintergrund enthält, und wir möchten die Anzahl von bestimmten Buchstaben kennen, z.B. den Buchstaben e, und die Position dieser Buchstaben im Text. Die Fig. 2.49

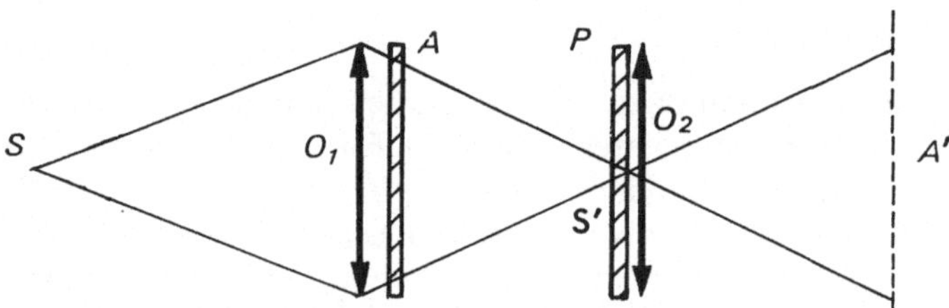

Fig. 2.49. Prinzip des optischen Filterns

zeigt das Prinzip der Methode. Der zu untersuchende Text befindet sich in A und wird von der Punktlichtquelle S (einem Laser) beleuchtet. Ein Objekt O_1, das an A anliegt, ruft in S', dem Bild von S, eine für A charakteristische Beugungserscheinung hervor. Ein zweites Objektiv O_2, das sich nahe an S' befindet, bildet A auf A' ab. Wenn wir ein passendes Filter P an der Position S' einfügen, wird das Vorkommen der Buchstaben e im Text A durch leuchtende Punkte auf schwarzem Hintergrund in A' angezeigt. Jeder Punkt entspricht einem Buchstaben e und gibt seinen Ort im Text an. Wir müssen nun die Art und die Wirkungsweise des Filters P erklären. Um ein Zeichen zu identifizieren, ist es nötig, wie leicht einzusehen ist, ein Maximum an Information über dieses Zeichen aufzunehmen, was für den gegenwärtigen Fall bedeutet, die Amplitude und Phase des von dem Zeichen ausgestrahlten Lichtes zu registrieren. Das Filter P wird also ein Hologramm sein. Ferner sehen wir, daß dies in P aufgestellte Hologramm aufgrund des Aufbaus, der in Fig. 2.49 gezeigt wird, ein Fourier-Hologramm sein wird. Wenn wir den Buchstaben e auffinden wollen, müssen wir ein Fourier-Hologramm dieses Buchstabens mit kohärentem Licht aufnehmen (Fig. 2.50). Eine Photographie des Buchstabens e (ein Diapositiv in Weiß auf schwarzem Hintergrund) liegt an einem Objektiv D an und

---

* Literaturverzeichnis 3, 4, 191, 192, 300, 322, 330, 332.

70

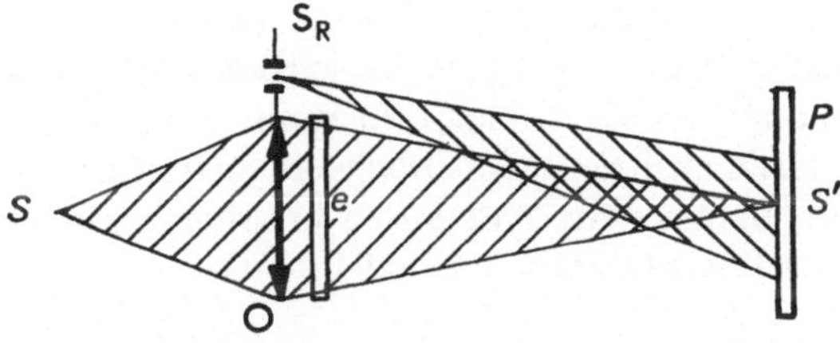

Fig. 2.50. Aufnahme des Fourier-Hologramms eines Signals (Buchstabe *e* in Durchstrahlung, hell auf dunklem Hintergrund)

wird von der Punktlichtquelle S beleuchtet. In S', dem konjugierten Punkt von S, befindet sich die photographische Platte P, die zum Hologramm wird. Die Referenzpunktlichtquelle befindet sich in S_R und, wohlgemerkt, die beiden Lichtquellen S und S_R entstammen dem gleichen Laser, der nicht gezeigt ist, um nicht die Fig. 2.50 zu komplizieren. In S' finden wir die für den Buchstaben e charakteristische Beugungserscheinung, und durch das Vorhandensein des kohärenten Untergrundes, der von S_R ausgestrahlt wird, zeichnen wir in dem Hologramm die Amplitude und die Phase dieser Beugungserscheinungen auf. Dieses so erhaltene Hologramm wird in P in Fig. 2.49 aufgestellt. Wie wir bereits im Hinblick auf die Fourier-Hologramme sagten (Abschnitt 2.10), erhalten wir ein zentrales Bild S_0 und zwei symmetrische Bilder A_1 und A_1' (Fig. 2.51). Das zentrale Bild gibt den ursprünglichen Text wieder. Wenn das Hologramm so erhalten wurde, wie es auf Fig. 2.50 angegeben ist, so zeigt sich, daß wir das Bild A_1' auf dem unteren Teil der Fig. 2.51 benützen müssen. Das Bild A_1' enthält einen leuchtenden

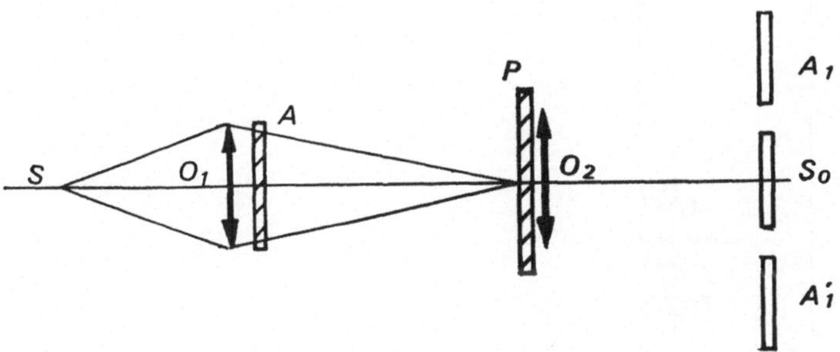

Fig. 2.51. Das Filter (Fourier-Hologramm des Buchstabens e) wird in O_2 aufgestellt. In einem Bild (A_1 oder A_1'), macht sich jeder Buchstabe e im Text A durch die Gegenwart eines leuchtenden Punktes bemerkbar

Punkt, dessen Ort dem des aufzufindenden Zeichens (Buchstabe *e*) entspricht. Mehreren Buchstaben *e* entsprechen verschiedene Punkte, die die Orte der Buchstaben angeben. Es ist klar, daß, wenn eine gewisse Korrelation zwischen dem zu identifizierenden Buchstaben und einem anderen Buchstaben besteht, parasitische Antworten erhalten werden. Diese Gefahr besteht für zwei Buchstaben wie I und L.

2.21. Anwendung der Holographie auf die Mikroskopie*

Bekanntlich nimmt in der Mikroskopie mit steigender Vergrößerung die Größe des Gesichtsfeldes ab. Auf diesem Gebiet eröffnet die Holographie ungeahnte Möglichkeiten *dank der Bildaufnahme in drei Dimensionen*. Wenn einmal das Hologramm hergestellt ist, kann das ganze Volumen des Bildes einfach durch Verstellen des optischen Beobachtungssystems abgesucht werden. Die Fig. 2.52 zeigt das Beispiel eines Mikroskopes, das mit dem Prinzip der Holographie arbeitet. Das den kohärenten Untergrund hervorrufende Licht fällt direkt auf die photographische Platte P dank der halbdurchlässigen Spiegel G_1 und G_2 und des Spiegels M_2. Das Licht, das durch das Objekt A und das

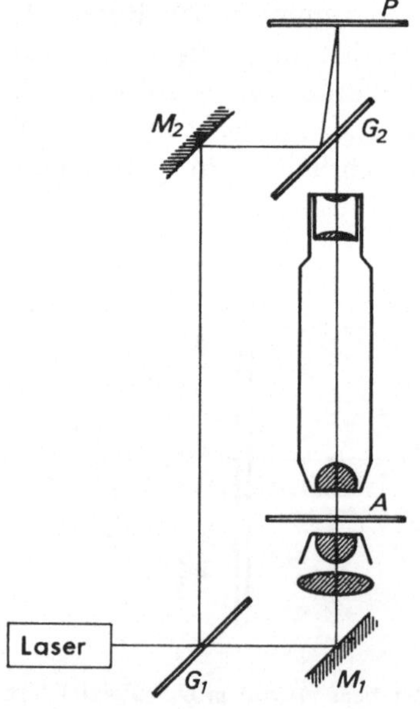

Fig. 2.52. Anwendung der Holographie auf die Mikroskopie

---

* Literaturverzeichnis 216.

Mikroskop hindurchgeht, interferiert in P mit dem kohärenten Untergrund.

Im übrigen zeigt Formel (2.3), daß wir, wenn die Aufnahme mit einer Wellenlänge λ und die Rekonstruktion mit einer Wellenlänge λ' durchgeführt wurde, eine Vergrößerung im Verhältnis λ'/λ erhalten. Wir können uns ein Röntgenstrahlenmikroskop vorstellen, bei dem die Aufnahme mit Röntgenstrahlen und die Rekonstruktion mit einer Wellenlänge des sichtbaren Spektrums erfolgt. Ein Auflösungsvermögen analog dem des Elektronenmikroskops könnte erreicht werden, aber das Röntgenstrahlenmikroskop ist noch der Zukunft vorbehalten.

2.22. Akustische Holographie*

Im Vorhergehenden wurde nie von dem vektoriellen Charakter des Lichtes Gebrauch gemacht, und so hindert uns nichts daran, das Prinzip der Holographie auf longitudinale Wellen, wie akustische Wellen, anzuwenden. Die Herstellung kohärenter Ultraschallwellen ist einfach, und es ist ferner möglich, sehr große Objekte mit Ultraschall zu „beleuchten". Quellen dieser Art sind deshalb besonders interessant, weil akustische Wellen ein bemerkenswertes Durchdringungsvermögen für undurchsichtige Körper besitzen. Es ist so möglich, ein dreidimensionales Bild des in dieser Weise „beleuchteten" Körpers zu erhalten.

Die akustische Holographie findet besonders interessante Anwendungen in der Medizin, Geophysik, Metallurgie und selbst in der Archäologie. Die akustischen Hologramme würden es möglich machen, ein dreidimensionales Bild des Inneren des menschlichen Körpers zu rekonstruieren. Der Geophysiker könnte das Innere der Erde sehen und z. B. den Grund der Ozeane untersuchen.

Das Prinzip der Entstehung eines akustischen Hologramms wird in Fig. 2.53 gezeigt. Die Ultraschallquellen befinden sich in S_1 und S_2. Dies sind zwei Quellen, die von dem gleichen Generator oder von zwei Generatoren, die phasenstarr gekoppelt sind, gespeist werden. Das Objekt befindet sich in A. Die von S_1 ausgehenden Wellen werden beim Durchdringen von A verformt, und sie interferieren mit den nichtverformten Wellen, die von der kohärenten Quelle S_2 stammen. Wenn sich die Wellen ins Innere einer Flüssigkeit fortpflanzen, so rufen ihre Interferenzen ein System von Wellengekräusel an der Flüssigkeitsoberfläche hervor. Die Verformung der flüssigen Oberfläche ist an jedem Punkt der akustischen Intensität proportional. Die Flüssigkeitsoberfläche stellt also ein echtes Phasen-Hologramm dar und kann deshalb mit gebleichten Hologrammen verglichen werden, die wir bereits be-

---

* Literaturverzeichnis 216.

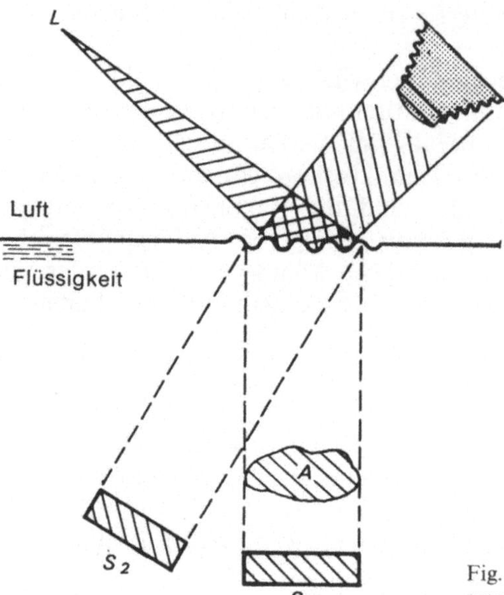

Fig. 2.53. Prinzip der akustischen Holographie, Aufnahme des Hologramms

sprochen haben. Wir stellen uns vor, daß es möglich wäre, durch Photographieren der Flüssigkeitsoberfläche, die durch eine Lichtquelle L beleuchtet würde, in jedem Punkt der Platte eine der Flüssigkeitsverformung proportionale Lichtintensität zu erhalten. Nach der Entwicklung wäre diese Photographie ein echtes optisches Hologramm. Von einer kohärenten Lichtquelle beleuchtet, würde es ein dreidimensionales Abbild des Inneren und des Äußeren des Objektes ergeben. Es ist zu bemerken, daß die Wellenlänge nicht die gleiche während der Aufnahme (Ultraschallwellen) und während der Rekonstruktion (Lichtwellen) ist; das Bild erscheint also weiter entfernt von der Oberfläche als das Objekt, und Bildfehler machen sich bemerkbar. Wir können diesen Effekt unwirksam machen, indem wir das photographische Hologramm in einem Verhältnis verkleinern, das so nahe wie möglich dem der beiden Wellenlängen entspricht. Ultraschall einer Frequenz von 50 MHz hat eine Wellenlänge von 20 µ für eine Fortpflanzungsgeschwindigkeit von 1200 m/sec in der Flüssigkeit. Die Dimensionen des Hologramms müßten also durch 20 geteilt werden, um praktisch normale Verhältnisse wiederzufinden. Wenn die Frequenz hingegen 10^5 Hz beträgt, ist die Wellenlänge von der Größenordnung Zentimeter und das Verhältnis der Wellenlängen wird beträchtlich. Ferner hätten wir auf einer Oberfläche von 20 cm Durchmesser nur eine kleine Anzahl von *Interferenzstreifen* (die Zahl hängt außerdem von dem Winkel zwischen den beiden Bündeln,

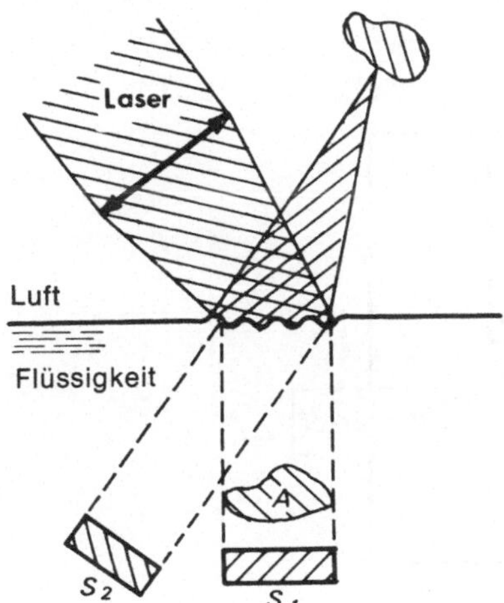

Fig. 2.54. Akustische Echtzeit-Holographie

die interferieren, ab), und so ist das Auflösungsvermögen bei der Rekonstruktion klein.

Bei einem solchen Versuch vergeht eine gewisse Zeit zwischen der Aufnahme und der Beobachtung, denn die photographische Aufnahme, die das optische Hologramm darstellt, muß zunächst entwickelt werden. Die Aufnahme und die Rekonstruktion können gleichzeitig stattfinden (akustische Holographie in Echtzeit), wenn die Flüssigkeitsoberfläche während des Versuchs mit einem Laser beleuchtet wird (Fig. 2.54). Wir beobachten dann ein reelles Bild (Fall der Abbildung) und ein virtuelles Bild.

Bei den vorhergehenden Versuchen (Fig. 2.53 und 2.54) ist das Medium, in dem sich die stehenden Wellen bilden, eine Flüssigkeit, aber die akustische Holographie wird, wohlgemerkt, auch auf Gase angewendet. In der optischen Holographie empfängt das Hologramm notwendigerweise die Welle, die vom Objekt herrührt, und die kohärente Referenzwelle. *Dies ist in der akustischen Holographie nicht nötig, wo es möglich ist, die akustische Referenzwelle zu unterdrücken*, da die Ultraschallquellen von einem elektrischen Signal erregt werden und die akustische Referenzwelle elektrisch simuliert werden kann. Die Fig. 2.55 zeigt einen Prinzipaufbau. Das Objekt A wird von der Schallquelle S_1 „beleuchtet", die von dem Generator G erregt wird. Der Empfänger M, z. B. ein Mikrophon, ist in der Ebene des Hologramms, das Punkt für Punkt durch Verschieben des Empfängers M überstrichen wird. Das von M ausgehende elektrische Signal wird in einem Verstärker B zu einem elektrischen Signal S_2, das direkt von dem Generator geliefert wird, summiert. Diese elektrische Summenbildung ersetzt die Inter-

75

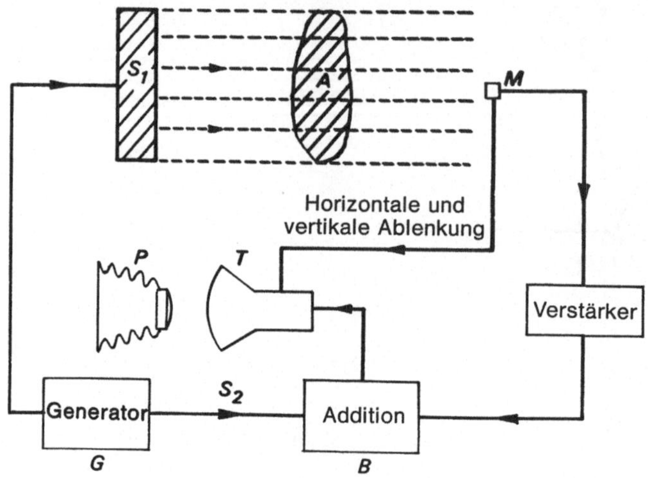

Fig. 2.55. Akustische Rasterungs-Holographie

ferenzen in der Ebene des Hologramms. Das resultierende Signal moduliert den Strahl in einer Katodenstrahlröhre *T*, wobei die Position des Leuchtflecks der des Empfängers *M* zugeordnet ist. Ein Photoapparat, der auf den Schirm der Katodenstrahlröhre eingestellt ist, erlaubt es, das optische Hologramm aufzunehmen, das dem akustischen Hologramm entspricht. Es ist offensichtlich notwendig, daß das Raster sehr fein ist, um eine gute Auflösung zu haben, was schwer zu erreichen ist. Ferner muß das Objekt *A* absolut unbewegt bleiben während der notwendigerweise langen Abrasterungszeit.

Es ist möglich, ausreichend schnelle Abrasterungen zu erhalten, wenn wir uns einer Fernsehröhre bedienen, in der der Schirm durch eine Platte aus einem piezoelektrischen Kristall ersetzt worden ist. Der Kristall befindet sich in der Ebene des Hologramms und wird von dem Elektronenstrahl abgerastert. Er gibt eine Spannung ab, die eine lineare Funktion des Ultraschalls ist, den er an jedem Punkt empfängt. Diese Spannung moduliert die Intensität der Sekundäremission, die von dem Elektronenstrahl hervorgerufen wird. Das als Referenz dienende elektrische Signal wird hinzugefügt, und nach Verstärkung wird das resultierende Signal in eine Katodenstrahlröhre geleitet, auf deren Schirm wir das optische Bild des akustischen Hologramms beobachten können. Da der Kristall einen Druck von 1 Atmosphäre aushalten muß, da die Röhre evakuiert ist, ist die zu verwendende Oberfläche des Kristalls auf einige cm² beschränkt. Es ist auf der Fig. 2.55 zu bemerken, daß sich nichts ändert, wenn Quelle und Empfänger gegeneinander ausgetauscht werden, was

76

bedeutet, daß das akustische Hologramm in einem einzigen Raumpunkt aufgenommen werden kann, wenn das Objekt von der Schallquelle abgerastert wird.

Das direkte Zusammenwirken der akustischen und der Lichtwellen erlaubt ebenfalls, Holographie in Echtzeit durchzuführen; dies wird die Braggsche Methode genannt.

2.23. Die holographische Auswertung von kohärenten Radarbeobachtungen*

Die Anwendungen der Holographie sind nicht auf die Rekonstruktion „akustischer Bilder" beschränkt. Auch die Auswertung der Beobachtungsergebnisse, die mit kohärentem Radar erhalten wurden, hat große Bedeutung. (RADAR = Radio Directionfinding and Ranging = Richtungs- und Entfernungsbestimmung mit Hochfrequenz.)

Das Prinzip des kohärenten Radars ist ähnlich dem der zuvor besprochenen akustischen Holographie: ein Mikrowellensender sendet über eine Antenne Pulse in einen durch die Antenne bestimmten Raumwinkel. Der frequenzbestimmende Teil des Senders arbeitet kontinuierlich. Wenn sich ein für diese Mikrowellen reflektierendes Objekt in dem bestrahlten Raumwinkel befindet, so wird ein Teil der Energie des Pulses zurückgeworfen und von der Antenne aufgefangen. In dem an die Antenne angeschlossenen Empfänger wird die zurückgeworfene Energie

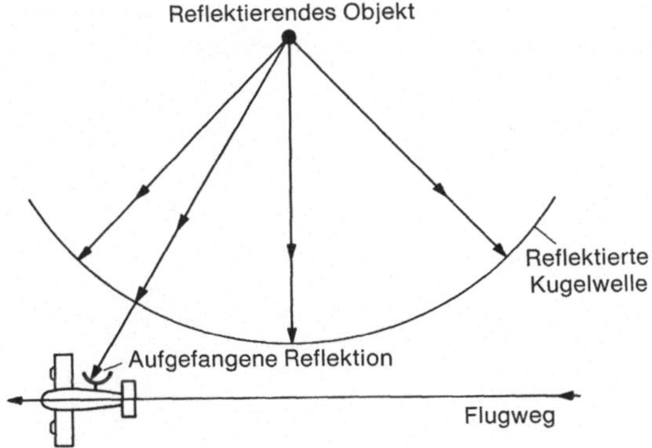

Fig. 2.56. Die vom Objekt reflektierte Kugelwelle wird aufgenommen und im Empfänger mit dem Referenzsignal überlagert

---

* Literaturverzeichnis 148 a.

einer Referenzfrequenz überlagert, die dem kontinuierlich arbeitenden frequenzbestimmenden Teil des Senders entstammt.

Stellen wir uns nun vor, daß sich diese Einrichtung, d.h. Sender, Empfänger und Antenne an Bord eines Flugzeuges befindet, die Antenne den Raum seitlich nach unten bestrahlt, und das Flugzeug sich mit konstanter Geschwindigkeit auf einer geraden Linie fortbewegt. Wenn sich in dem bestrahlten Raumwinkel nur ein einziges reflektierendes Element befindet, so breitet sich die reflektierte Energie als Kugelwelle aus. Die im Empfänger zwischen der aufgenommenen reflektierten Welle und der Referenzwelle entstehende Interferenz, die sich als ein Zu- oder Abnehmen der Energie bemerkbar macht, kann durch Intensitätsmodulation auf einer Braunschen Röhre sichtbar gemacht werden. Die Abszisse entspricht auf dem Schirmbild dem Flugweg des Flugzeuges und die Ordinate der Querentfernung vom Flugzeug. Die Ordinatenablenkung beginnt bei der Nullinie bei der Aussendung eines Pulses und steigt mit der Zeit, um beim Aussenden des nächsten Pulses wieder auf der Nullinie zu beginnen. Solange das Flugzeug das reflektierende Objekt schräg von vorn vor sich hat, folgen Interferenzmaxima und -minima schnell aufeinander. Sie werden weniger zahlreich, wenn das reflektierende Objekt mehr und mehr querab erscheint. Wenn das reflektierende Objekt genau querab ist, ändert sich seine Entfernung vom Flugzeug kaum noch, um nach dem Passieren immer schneller zuzunehmen. Es bildet sich so auf dem Bildschirm der Braunschen Röhre eine „eindimensionale" Zonenplatte für das reflektierende Objekt, die fortlaufend photographiert wird. Diese Zonenplatte kann auch als eine lange synthetische Richtantenne mit hoher Auflösung und scharf gebündeltem Strahl aufgefaßt werden. Nach der Entwicklung wird das Negativ in bekannter Weise mit einem Laser beleuchtet und ermöglicht so die Rekonstruktion des reflektierenden Objekts. Wenn sich mehrere reflektierende Objekte in

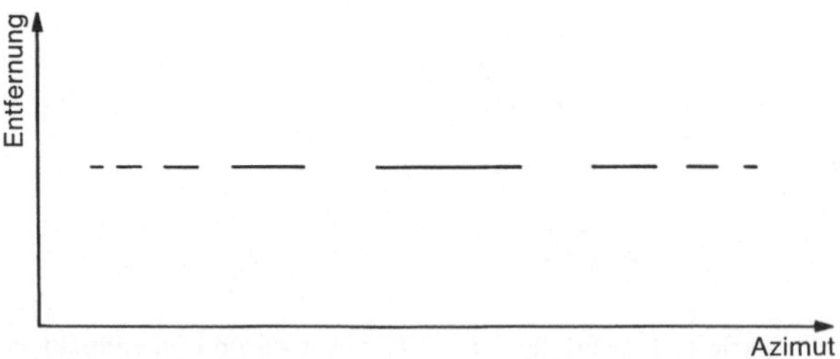

Fig. 2.57. Die „eindimensionale" Zonenplatte entsteht durch Interferenz des aufgenommenen reflektierten Signals und des Referenzsignals

dem bestrahlten Raumwinkel befinden, wird für jedes einzelne eine Zonenplatte erzeugt, und bei der Bestrahlung mit Laserlicht wird jedes Objekt rekonstruiert, wobei die Bilder in einer Ebene liegen, deren Neigung von der vertikalen Neigung der Radarantenne abhängen.

Da die ausgestrahlten Pulse des Radars kohärent sind, erscheint das Hologramm so, als ob es mit einer einzigen Antenne mit entsprechend großer Apertur aufgenommen worden wäre. Da diese „synthetische" Antenne sehr lang ist, werden sich viele nahe Objekte in Entfernungen befinden, die mit der Größe der Antenne vergleichbar sind. Normalerweise sind unter diesen Umständen Beobachtungen mit hoher Auflösung nur dann möglich, wenn alle Antennenelemente solche Phasenbeziehungen zueinander haben, daß das Strahlungsdiagramm einem Kreisbogen entspricht, der das reflektierende Objekt zum Zentrum hat. Für andere Objekte müßten die Antennenelemente entsprechend für jedes Objekt eingestellt werden, was kaum zu erreichen ist. Wenn wir jedoch die entsprechende Bildschirmphotographie als Hologramm auffassen, wird sofort klar, daß diese Bedingung entfällt: jeder reflektierende Punkt erzeugt seine eigene Zonenplatte, die wiederum jeden einzelnen Bildpunkt zu rekonstruieren gestattet. Bei der Rekonstruktion werden durch die Beugung des kohärenten Laserlichtes an den einzelnen Zonenplatten entsprechend gekrümmte Wellenfronten erzeugt, so daß das Licht an den Punkten fokussiert wird, die den ursprünglichen reflektierenden Objekten entsprechen.

In diesem Zusammenhang entsprechen kohärentes Radar und Holographie einander, zum Unterschied von konventionellem Radar und konventioneller Photographie.

Es ist jedoch notwendig, beim Gebrauch des holographischen Radars zunächst eine photographische Aufzeichnung anzufertigen, die dann, nach der Entwicklung, mit kohärentem Licht beleuchtet wird. Wenn wir uns jedoch einer Ultraschallzelle bedienen, können wir mit Hilfe des Debye-Sears-Effektes einen kohärenten Lichtstrahl fast genauso beugen oder modulieren wie mit Hilfe einer Photographie. Wenn das gesamte Mikrowellen-akustische Signal in die Ultraschallzelle eingespeist ist, wird sie kurz mit Laserlicht beleuchtet, und die Beugungserscheinung ergibt das Bild.

Die Anwendung von holographischen Methoden macht auch stationäres kohärentes Radar möglich. Zur Erzielung von maximaler Auflösung ist es sogar nur notwendig, von größeren Antennenanordnungen die Endglieder zu behalten, da auch Teile eines Hologramms die vollständige Rekonstruktion eines Bildes ermöglichen. Eine einfache Form der stationären kohärenten Radarantenne würde aus einer langen, linearen Anordnung von Elementen bestehen, ähnlich einer einzelnen Flugzeugantenne für Radarzwecke. Die Elemente würden nacheinander einen Puls aussenden und anschließend als Empfangsantennen wirken. So würde die Flugzeugbewegung simuliert. Das holographische Referenzsignal wird kontinuierlich allen Antennenelementen zugeführt und mit den reflektierten Signalen zur Interferenz gebracht. Die resultierenden Signale werden durch eine Braunsche Röhre in Helligkeitsschwankungen umgewandelt und auf einen Film aufgezeichnet, der mit dem Vorrücken des „Sende"-Antennenelementes weiterbewegt wird.

Ferner ist es möglich, die verschiedenen „eindimensionalen" Zonenplatten, die in Abhängigkeit von der Entfernung übereinander angeordnet waren, in eine einzelne Linie zusammenfallen zu lassen. Ebenso wie bei der „optischen" Holographie werden hier trotz der Überlagerung der einzelnen Zonenplatten die einzelnen reklektierenden Objekte vollständig rekonstruiert.

Wird ein längerer Puls ausgesendet, so kann er in Form des Profils einer „eindimensionalen" Zonenplatte amplitudenmoduliert werden. Dies ergibt dann eine zweidimensionale Zonenplatte für jedes reflektierende Objekt. Die Rekonstruktion erfolgt hier in zwei Schritten: im ersten wird die Entfernung und im zweiten das Azimut bestimmt. Der Vorteil dieses Verfahrens liegt darin, daß eine größere effektive Leistung in dem komprimierten Puls vorhanden ist, als in dem längeren, amplitudenmodulierten ausgesendeten Puls. Dies führt zu einer entsprechenden Verbesserung des Signal-zu-Rausch-Verhältnisses.

Die Anwendung dieser Prinzipien auf die Herstellung von Radarkarten hat das erreichbare Auflösungsvermögen erheblich gesteigert. Ebenso sind Objekte der Beobachtung zugänglich gemacht worden, die mit den klassischen Verfahren wegen des zu geringen Brechkraftunterschiedes nicht „sichtbar" waren. Diese Möglichkeiten, größere Auflösung mit der gleichen Leistung zu erreichen, werden zur Zeit erst zu einem kleinen Teil ausgenützt.

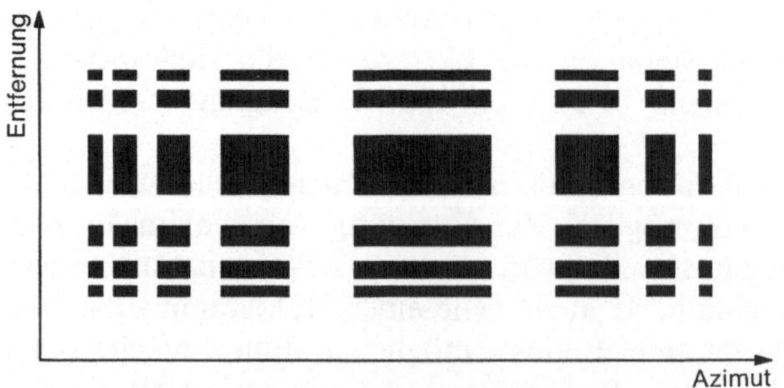

Fig. 2.58. Die zweidimensionale Zonenplatte für ein einzelnes reflektierendes Objekt, hervorgerufen durch mit dem Zonenplattenprofil modulierte Radarpulse

Kapitel 3

Bildentstehung in der Holographie

3.1. Aufnahme der Phase und Amplitude, die von einer Punktlichtquelle ausgehen

Es sei S eine Punktlichtquelle (Fig. 3.1), die die Ebene η, ξ beleuchtet, in der sich die photographische Platte befindet. Die Lichtquelle S hat die Entfernung $SO = P$ von der photographischen Platte. Außer der sphäri-

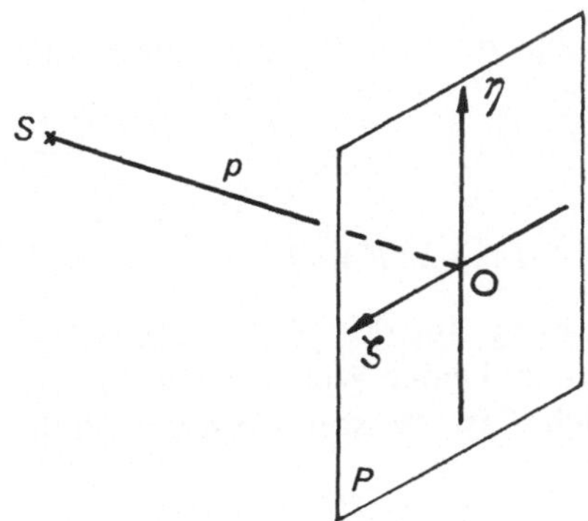

Fig. 3.1. Aufnahme des Hologramms eines punktförmigen Objekts S'

schen Welle Σ, die von S ausgeht, empfängt die photographische Platte η, ξ eine kohärente Welle Σ_R (Fig. 3.2). Wir nehmen an, daß die kohärente Welle Σ_R eine ebene Welle ist. Die Normale NO zu Σ_R, die in der Ebene der Fig. 3.2 liegt, bildet den Winkel θ mit SO. Die sphärische Welle, die von S ausgeht, verursacht in einem beliebigen Punkt η, ξ der photographischen Platte die komplexe Amplitude $F(\eta, \xi)$ und die kohärente Welle Σ_R die Amplitude $a(\eta, \xi)$. Die kohärente Welle Σ_R ergibt eine konstante Beleuchtungsstärke $|a|^2$ in der Ebene der photographischen Platte, und wir setzen:

$$a(\eta, \xi) = a_0 \, e^{-jK\theta\xi} \tag{3.1}$$

mit $K = \dfrac{2\pi}{\lambda}$, wobei λ die Wellenlänge des verwendeten Lichtes und a_0 eine Konstante ist.

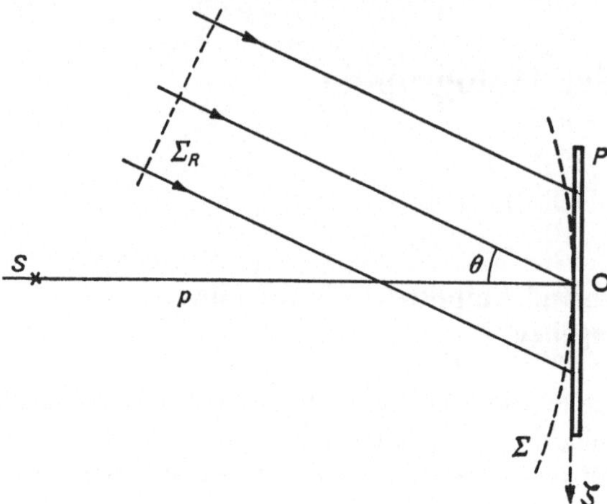

Fig. 3.2. Der kohärente Untergrund hat einen Neigungswinkel θ

In einem Punkt η, ξ empfängt die photographische Platte die Amplitude:

$$a(\eta, \xi) + F(\eta, \xi) \tag{3.2}$$

und die Beleuchtung:

$$E = (a+F)(a^* + F^*) = |a|^2 + |F|^2 + a^* F + a F^*. \tag{3.3}$$

Die Schwankungen in der Beleuchtung auf der photographischen Platte η, ξ werden von den Interferenzen der beiden Wellen Σ und Σ_R verursacht. Wenn die Belichtungszeit gleich T ist, so ist die von der Platte empfangene Energie:

$$W = ET = T|a|^2 + T|F|^2 + Ta^* F + Ta F^*. \tag{3.4}$$

Nach der Entwicklung wird von dem so erhaltenen Negativ eine Amplitude durchgelassen, die zu W proportional ist, wenn wir uns auf dem linearen Teil der Kurve $t_N = \mathrm{f}(W)$ befinden (Fig. 3.3).

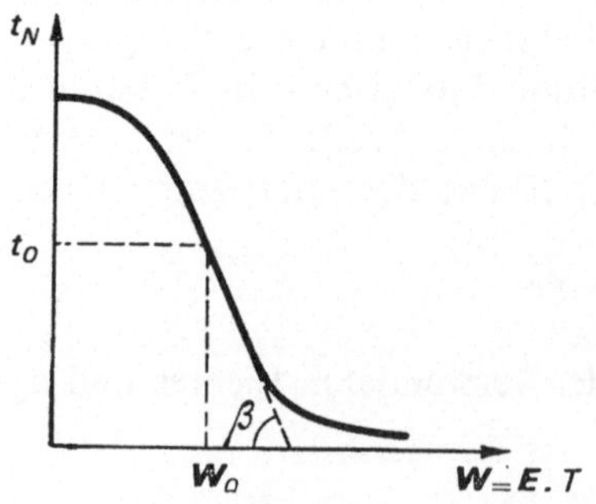

Fig. 3.3. Die von dem Negativ in Funktion der empfangenen Energie durchgelassene Amplitude (Produkt der Beleuchtung E mit der Belichtungszeit T)

Dies ist möglich unter der Bedingung, daß sich die Schwankungen des Produktes $W = ET$ nicht zu weit von einem mittleren Wert W_0 entfernen. Die Interferenzstreifen auf der photographischen Platte müssen deshalb kontrastarm sein, d.h., daß die Amplituden der beiden Wellen Σ und Σ_R verschieden sein müssen. Wenn die Amplituden von Σ und Σ_R gleich sind, zeigt die Theorie der Interferenzen in der Tat, daß die dunklen Interferenzstreifen vollständig schwarz sind ($E = 0$). Der repräsentative Punkt auf der Kurve der Fig. 3.3 entfernt sich also aus der linearen Region. Unter den entsprechenden Bedingungen können wir die von dem Negativ durchgelassene Amplitude wie folgt ausdrücken:

$$t_N = t_0 - \beta (W - W_0), \tag{3.5}$$

wobei W_0 einen Mittelwert der empfangenen Energie darstellt. W darf sich nicht zu weit von diesem Wert entfernen. Die Amplitude t_0 entspricht $W = W_0$, und β ist die Steigung der Kurve $t_N = \mathrm{f}(W)$ in dem geraden Teil. Wir setzen:

$$W_0 = T |a|^2. \tag{3.6}$$

Nach (3.4) finden wir:

$$t_N = t_0 - \beta [T |F|^2 + T a^* F + T a F^*], \tag{3.7}$$

und wenn $\beta' = \beta T$ ist:

$$t_N = t_0 - \beta' [|F|^2 + a^* F + a F^*]. \tag{3.8}$$

Die beiden letzten Terme des Klammerausdrucks zeigen, daß dank dem kohärenten Untergrund Σ_R, die Amplitude und die Phase der Welle Σ, die in der Funktion $F(\eta, \xi)$ enthalten ist und die von S ausgestrahlt wird, von der photographischen Platte aufgenommen wurde.

3.2. Rekonstruktion des Bildes der Punktlichtquelle

Wir beleuchten das im vorhergehenden erhaltene Negativ (Hologramm) mit einer Welle, die in η, ξ die komplexe Amplitude $b(\eta, \xi)$ hervorruft. Die von dem Hologramm hindurchgelassene Amplitude ist:

$$b(\eta, \xi) \, t_N(\eta, \xi) = t_0 b - b \beta' [|F|^2 + a^* F + a F^*]. \tag{3.9}$$

Wenn die Rekonstruktionswelle eine einheitliche, ebene Welle, parallel zu der Ebene des Hologramms ist, ist b eine einfache Konstante in dem vorhergehenden Ausdruck. Wenn wir $a(\eta, \xi)$ mit Hilfe des Ausdrucks (3.1) entwickeln, so haben wir in diesem Falle:

$$b \, t_N = t_0 b - b \beta' |F|^2 - b \beta' a_0 F \, e^{jK\theta\xi} - b \beta' a_0 F^* \, e^{-jK\theta\xi}. \tag{3.10}$$

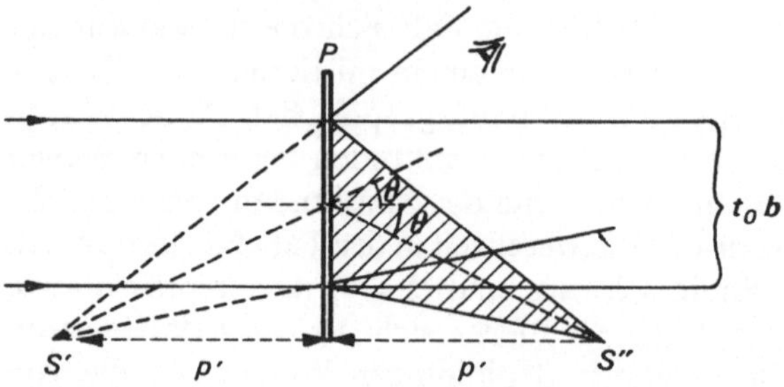

Fig. 3.4. Bei der Rekonstruktion erhalten wir zwei Bilder: ein virtuelles Bild S' und ein reelles Bild S''

Der erste Term $t_0\,b$ stellt, bis auf einen konstanten Faktor, die ebene Rekonstruktionswelle dar. Das ist die direkt durchgelassene ebene Welle. Der zweite Term $b\,\beta'\,|F|^2$ entspricht einer kleinen Veränderung der Durchlässigkeit aufgrund der Gegenwart von $|F|^2$. Dieser Term ruft eine sehr schwache Beugung der einfallenden ebenen Rekonstruktionswelle hervor. Wir können praktisch die beiden Terme $t_0\,b$ und $b\,\beta'\,|F|^2$ mit der direkt durchgelassenen Welle zusammenfallen lassen. Der dritte Term $b\,\beta'\,a_0\,F\,\mathrm{e}^{\mathrm{j}K\theta\xi}$ ergibt, bis auf den Faktor $b\,\beta'\,a_0\,\mathrm{e}^{\mathrm{j}K\theta\xi}$, die Amplitude $F(\eta,\xi)$, die von der Punktlichtquelle hervorgerufen wird. Wir können schreiben:

$$F(\eta,\,\xi) = F_0\,\mathrm{e}^{\mathrm{j}K\,\sqrt{p^2+\eta^2+\xi^2}}.\tag{3.11}$$

Dies ist also eine sich *ausbreitende* Kugelwelle, die von einem *virtuellen* Bild der Lichtquelle, das sich in der Entfernung p' von dem Hologramm befindet, ausgeht. Der Faktor $\mathrm{e}^{\mathrm{j}K\theta\xi}$ zeigt an, daß dieses Bild S' sich in einer Richtung befindet, die mit der Normalen des Hologramms den Winkel θ bildet.

Der vierte Term $b\,\beta'\,a_0\,F^*\,\mathrm{e}^{-\mathrm{j}K\theta\xi}$ ist proportional zu der konjugierten Welle $F^*(\eta,\,\xi)$, und wir haben:

$$F^*(\eta,\,\xi) = F_0\,\mathrm{e}^{-\mathrm{j}K\,\sqrt{p^2+\eta^2+\xi^2}}.\tag{3.12}$$

Der vierte Term entspricht einer konvergenten sphärischen Welle, die ein reelles Bild der Quelle, das sich in der Entfernung p' von dem Hologramm befindet, entwirft. Der Faktor $\mathrm{e}^{-\mathrm{j}K\theta\xi}$ zeigt, daß sich dieses Bild S'' in einer Richtung befindet, die mit der Normalen des Hologramms den Winkel einschließt.

3.3. Der Fall eines beliebigen Objektes

Ein beliebiges Objekt kann als von einer großen Zahl von Punktlichtquellen von bestimmten Amplituden und Phasen hervorgerufen angesehen werden. Der Ausdruck (3.2) wird durch einen anderen folgender
Form ersetzt:

$$a(\eta, \xi) + \sum F. \tag{3.13}$$

$\sum F$ stellt die Summe der Amplituden dar, die von den verschiedenen
Objektpunkten, die sich wie Punktlichtquellen verhalten, auf die photographische Platte gestrahlt werden. Nach der Entwicklung wird hier
die von dem Hologramm durchgelassene Amplitude t_N (3.8) zu:

$$t_N = t_0 - \beta' \left[\sum F \sum F^* + a^* \sum F + a \sum F^* \right]. \tag{3.14}$$

Bei der Rekonstruktion einer ebenen, dem Hologramm parallelen,
Welle schreibt sich jetzt der Ausdruck (3.10):

$$b\, t_N = t_0\, b - b\, \beta' \sum F \sum F^* - b\, \beta'\, a_0\, e^{jK\theta\xi} \sum F - b\, \beta'\, a_0\, e^{-jK\theta\xi} \sum F^*. \tag{3.15}$$

Der dritte Term rekonstruiert die virtuellen Bilder aller Punkte des
Objektes (Fig. 3.5). Er rekonstruiert ein virtuelles räumliches Bild A' des
Objekts. Der vierte Term rekonstruiert ein reelles Bild A'' des Objekts,
aber dieses Bild hat bestimmte Eigenschaften, die es weniger interessant
machen als das virtuelle Bild. Wenn wir es direkt photographieren wollen,
bemerken wir, daß für Hologramme von normalen Dimensionen die
Tiefenschärfe so klein ist, daß es praktisch unmöglich ist, eine Photographie zu erhalten, wenn wir nicht nur einen sehr kleinen Teil des
Hologramms benutzen. Dieser Effekt tritt nicht auf, wenn wir das virtuelle Bild beobachten, denn es ist die Augenpupille, die das Feld begrenzt. Ferner sind die Wirkungen der Parallaxe nicht die gleichen, als
ob wir das Objekt betrachteten.

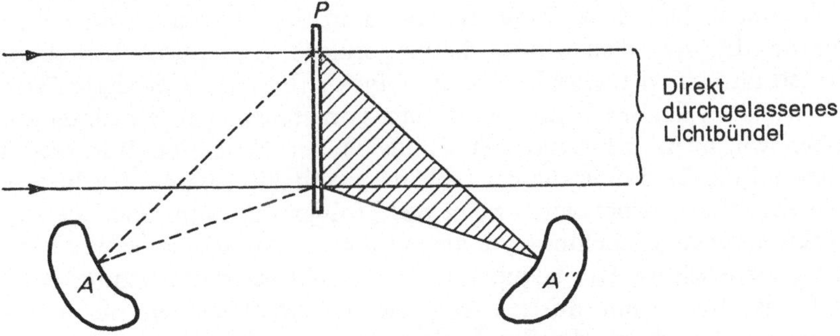

Fig. 3.5. Rekonstruktion im Falle eines beliebigen streuenden Objekts

3.4. Bemerkungen zur Untersuchung der aus Hologrammen stammenden Bilder

Im vorhergehenden haben wir die Bildentstehung aus dem Hologramm eines beliebigen Objekts von den Bildern eines Punktes ausgehend untersucht. Dies ist nicht nötig und die Berechnung kann direkt durchgeführt werden. Wenn $a(\eta, \zeta)$ die komplexe Amplitude ist, die von dem kohärenten Untergrund stammt, und $\mathscr{F}(\eta, \zeta)$ die komplexe Amplitude, die von dem ganzen Objekt herrührt, dann empfängt die photographische Platte die Belichtung:

$$E = (a + \mathscr{F})(a^* + \mathscr{F}^*) \tag{3.16}$$

und die Energie:

$$W = ET = T|a|^2 + T|\mathscr{F}|^2 + Ta^*\mathscr{F} + Ta\mathscr{F}^*, \tag{3.17}$$

wobei T die Belichtungszeit ist. Die von dem Hologramm nach der Entwicklung durchgelassene Amplitude t_N ist, unter den üblichen Linearitätsbedingungen:

$$t_N = t_0 - \beta' [|\mathscr{F}|^2 + a^*\mathscr{F} + a\mathscr{F}^*], \tag{3.18}$$

was wir nach (3.1) auch schreiben können:

$$t_N = t_0 - \beta'|\mathscr{F}|^2 - \beta' a_0 \, e^{jK\theta\xi}\mathscr{F} - \beta' a_0 \, e^{-jK\theta\xi}\mathscr{F}^*. \tag{3.19}$$

Wenn das Hologramm durch eine einheitliche ebene Welle b belichtet wird, die parallel zur Ebene des Hologramms ist, so wird die durchgelassene Amplitude durch:

$$b\, t_N = t_0\, b - b\, \beta'|\mathscr{F}|^2 - b\, \beta' a_0 \, e^{jK\theta\xi} \cdot \mathscr{F} - b\, \beta' a_0 \, e^{-jK\theta\xi} \cdot \mathscr{F}^* \tag{3.20}$$

gegeben, wobei b eine Konstante ist.

Die beiden ersten Terme ergeben praktisch ein direkt durchgelassenes Lichtbündel. Der dritte Term rekonstruiert, bis auf einen konstanten Faktor, die von dem Objekt hervorgerufene Amplitude. Er rekonstruiert also ein virtuelles Bild A' des Objekts (Fig. 3.5). Der vierte Term rekonstruiert das reelle Bild A''. In den vorhergehenden Berechnungen haben wir nicht die Dicke der Emulsion berücksichtigt. Wir wissen (Abschnitt 2.12), daß in diesem Falle die maximale Sichtbarkeit für das virtuelle Bild erreicht wird, wenn das Hologramm von einer Rekonstruktionswelle beleuchtet wird, die mit der zur Aufnahme verwendeten Welle identisch ist. Um bequem das reelle Bild beobachten zu können, muß das Hologramm durch eine Welle beleuchtet werden, die zu der Welle konjugiert ist, die für die Belichtung während der Aufnahme gedient hat.

3.5. Die Geometrie der Aufnahme der Hologramme und der Rekonstruktion der Bilder *

Wir betrachten eine Punktlichtquelle S (Fig. 3.6), die als punktförmiges Objekt dient und deren Koordinaten (p, η_0, ξ_0) sind. Die kohärente Welle wird durch eine Punktlichtquelle S_R mit den Koordinaten

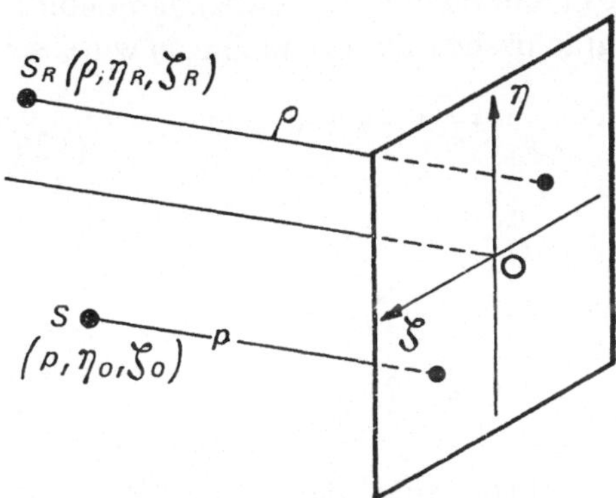

Fig. 3.6. Anordnung des Objektpunktes S und der Referenzquelle S_R bei der Aufnahme

(ρ, η_R, ξ_R) hervorgerufen. Die Amplitude, die an einem Punkt η, ξ der photographischen Platte durch das punktförmige Objekt S entsteht, ist:

$$\frac{e^{j\frac{2\pi}{\lambda}\sqrt{p^2+(\eta-\eta_0)^2+(\xi-\xi_0)^2}}}{j\lambda p}. \tag{3.21}$$

Wir können nun schreiben:

$$\sqrt{p^2+(\eta-\eta_0)^2+(\xi-\xi_0)^2} \simeq p\left[1+\frac{1}{2}\left(\frac{\eta-\eta_0}{p}\right)^2+\frac{1}{2}\left(\frac{\xi-\xi_0}{p}\right)^2\right] \tag{3.22}$$

und die von S hervorgerufene Amplitude ist

$$\frac{e^{j\frac{2\pi p}{\lambda}}}{j\lambda p} \cdot e^{j\frac{\pi}{\lambda p}[(\eta-\eta_0)^2+(\xi-\xi_0)^2]}. \tag{3.23}$$

Wir schreiben diese Amplitude in der Form:

$$F_0\, e^{j\frac{\pi}{\lambda p}[(\eta-\eta_0)^2+(\xi-\xi_0)^2]}, \tag{3.24}$$

---

* Literaturverzeichnis 107, 191.

wobei F_0 eine komplexe Konstante ist, die ebenfalls die Amplitude und die Phase von S berücksichtigt. In gleicher Weise schreiben wir für S_R, die am gleichen Punkt η, ξ der photographischen Platte eine Amplitude der Form:

$$a_0\, e^{\, j\frac{\pi}{\lambda\rho}\left[(\eta-\eta_R)^2+(\xi-\xi_R)^2\right]} \tag{3.25}$$

hervorruft, wobei a_0 ebenfalls eine komplexe Konstante ist, die die Amplitude und die Phase von S_R berücksichtigt. Die Gesamtamplitude, die am Punkt η, ξ von der photographischen Platte empfangen wird, ist:

$$a_0\, e^{\, j\frac{\pi}{\lambda\rho}\left[(\eta-\eta_R)^2+(\xi-\xi_R)^2\right]}+F_0\, e^{\, j\frac{\pi}{\lambda p}\left[(\eta-\eta_0)^2+(\xi-\xi_0)^2\right]}, \tag{3.26}$$

woraus für die Beleuchtung folgt:

$$\begin{aligned}
E=|a_0|^2+|F_0|^2+a_0^*\,F_0\, e^{\,-j\frac{\pi}{\lambda\rho}\left[(\eta-\eta_R)^2+(\xi-\xi_R)^2\right]}\, e^{\, j\frac{\pi}{\lambda p}\left[(\eta-\eta_0)^2+(\xi-\xi_0)^2\right]} \\
+a_0\,F_0^*\, e^{\, j\frac{\pi}{\lambda\rho}\left[(\eta-\eta_R)^2+(\xi-\xi_R)^2\right]}\, e^{\,-j\frac{\pi}{\lambda p}\left[(\eta-\eta_0)^2+(\xi-\xi_0)^2\right]}.
\end{aligned} \tag{3.27}$$

Im folgenden werden wir als „normales Bild" das dem dritten Term von (3.10) entsprechende bezeichnen (dieser Term reproduziert die Amplitude $F(\eta, \xi)$, die von dem Objekt herrührt). Wir werden ferner als „konjugiertes" Bild das dem vierten Term von (3.10) entsprechende bezeichnen (dieser Term stellt die Amplitude $F^*(\eta, \xi)$ dar).

Die nach der Entwicklung von dem Hologramm durchgelassene Amplitude t_N wird durch einen zu (3.8) analogen Ausdruck wiedergegeben. Die beiden interessierenden Terme sind:

$$\beta'\,a_0^*\,F_0\, e^{\,-j\frac{\pi}{\lambda\rho}\left[(\eta-\eta_R)^2+(\xi-\xi_R)^2\right]}\, e^{\, j\frac{\pi}{\lambda p}\left[(\eta-\eta_0)^2+(\xi-\xi_0)^2\right]} \tag{3.28}$$

(normales Bild)

und

$$\beta'\,a_0\,F_0^*\, e^{\, j\frac{\pi}{\lambda\rho}\left[(\eta-\eta_R)^2+(\xi-\xi_R)^2\right]}\, e^{\,-j\frac{\pi}{\lambda p}\left[(\eta-\eta_0)^2+(\xi-\xi_0)^2\right]} \tag{3.29}$$

(konjugiertes Bild).

Bei der Rekonstruktion wird das Hologramm von einer Kugelwelle beleuchtet, die von der Punktlichtquelle S_R' mit den Koordinaten ρ', η_R', ξ_R' (Fig. 3.7) herstammt. Da die Rekonstruktionswellenlänge λ' von der Aufnahmewellenlänge λ verschieden ist, kann diese Rekonstruktionswelle geschrieben werden als:

$$b_0\, e^{\, j\frac{\pi}{\lambda'\rho'}\left[(\eta-\eta_R')^2+(\xi-\xi_R')^2\right]}. \tag{3.30}$$

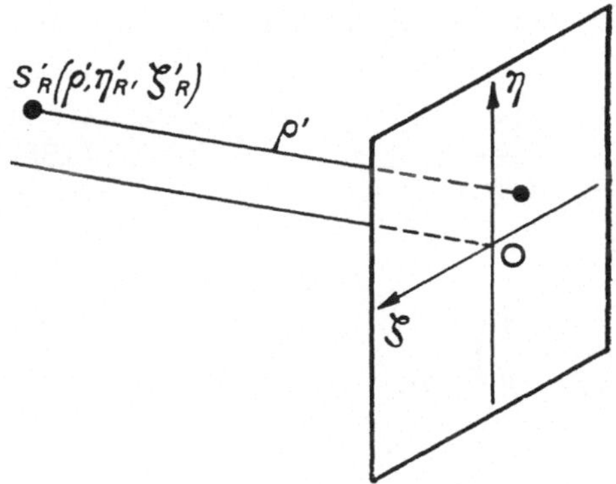

Fig. 3.7. Position der Lichtquelle S'_R bei der Rekonstruktion

Die beiden interessierenden Terme, die die beiden Bilder rekonstruieren, werden durch Multiplikation von (3.28) und (3.29) mit (3.30) erhalten:

$$\mathscr{A} = \beta' \, a_0^* \, b_0 \, F_0 \, e^{-j\frac{\pi}{\lambda\rho}[(\eta-\eta_R)^2+(\xi-\xi_R)^2]} \, e^{j\frac{\pi}{\lambda p}[(\eta-\eta_0)^2+(\xi-\xi_0)^2]}$$

$$\cdot \, e^{j\frac{\pi}{\lambda'\rho'}[(\eta-\eta'_R)^2+(\xi-\xi'_R)^2]} \qquad \text{(normales Bild)}, \qquad (3.31)$$

$$\mathscr{A}' = \beta' \, a_0 \, b_0 \, F_0^* \, e^{j\frac{\pi}{\lambda\rho}[(\eta-\eta_R)^2+(\xi-\xi_R)^2]} \, e^{-j\frac{\pi}{\lambda p}[(\eta-\eta_0)^2+(\xi-\xi_0)^2]}$$

$$\cdot \, e^{j\frac{\pi}{\lambda'\rho'}[(\eta-\eta'_R)^2+(\xi-\xi'_R)^2]} \qquad \text{(konjugiertes Bild)}. \qquad (3.32)$$

Diese beiden Terme rekonstruieren zwei punktförmige Bilder und stellen in der betrachteten Annäherung (3.22) zwei Kugelwellen dar. Um die Entfernungen p' und p'' dieser beiden Bilder auf dem Hologramm zu finden, genügt es, (3.31) und (3.32) mit dem allgemeinen Ausdruck für eine Kugelwelle zu vergleichen, die von einer Punktlichtquelle ausgeht, welche die Entfernung p' von dem Hologramm hat. Mit der gleichen Näherung kann man eine solche Welle beschreiben in der Form:

$$e^{j\frac{\pi}{\lambda'p'}(\eta^2+\xi^2)}, \qquad (3.33)$$

wobei p' die Entfernung des normalen Bildes zum Hologramm ist. Wir ordnen in (3.31) und (3.32) die Terme nach $(\eta^2+\xi^2)$. Wir finden dann für (3.31):

$$e^{j\pi\left[-\frac{1}{\lambda\rho}+\frac{1}{\lambda p}+\frac{1}{\lambda'\rho'}\right](\eta^2+\xi^2)}. \qquad (3.34)$$

Wenn wir nun (3.33) und (3.34) miteinander vergleichen, erhalten wir für die Entfernung p' des normalen Bildes:

$$\frac{1}{\lambda'\,p'} = -\frac{1}{\lambda\,\rho} + \frac{1}{\lambda\,p} + \frac{1}{\lambda'\,\rho'} \qquad (3.35)$$

und in gleicher Weise für das konjugierte Bild (3.32), das die Entfernung p'' zum Hologramm hat:

$$\frac{1}{\lambda' p''} = \frac{1}{\lambda \rho} - \frac{1}{\lambda p} + \frac{1}{\lambda' \rho'} \qquad (3.36)$$

oder ebenfalls für das normale Bild:

$$\frac{1}{p'} = \frac{\lambda'}{\lambda}\left(\frac{1}{p} - \frac{1}{\rho}\right) + \frac{1}{\rho'} \qquad (3.37)$$

und für das konjugierte Bild:

$$\frac{1}{p''} = \frac{\lambda'}{\lambda}\left(-\frac{1}{p} + \frac{1}{\rho}\right) + \frac{1}{\rho'}. \qquad (3.38)$$

Um die beiden anderen Koordinanten der Bilder zu erhalten, müssen wir die linearen Terme nach η und ξ ordnen. Wenn wir die Gl. (3.24) noch einmal betrachten und nur die linearen Terme behalten, können wir schreiben:

$$e^{j\frac{2\pi}{\lambda' \rho'}(\eta_n \eta + \xi_n \xi)}. \qquad (3.39)$$

η_n und ξ_n sind die Koordinaten des normalen Bildes. Wenn wir die linearen Terme von (3.31) zusammenfassen, so erhalten wir:

$$e^{j\frac{2\pi}{\lambda \rho}(\eta \eta_R + \xi \xi_R)} \; e^{-j\frac{2\pi}{\lambda p}(\eta \eta_0 + \xi \xi_0)} \; e^{-j\frac{2\pi}{\lambda' \rho'}(\eta \eta'_R + \xi \xi'_R)} \qquad (3.40)$$

oder besser:

$$e^{j2\pi\left(\frac{\eta_R}{\lambda \rho} - \frac{\eta_0}{\lambda p} - \frac{\eta'_R}{\lambda' \rho'}\right)\eta} \; e^{j2\pi\left(\frac{\xi_R}{\lambda \rho} - \frac{\xi_0}{\lambda p} - \frac{\xi'_R}{\lambda' \rho'}\right)\xi}. \qquad (3.41)$$

Wenn wir nun die Koeffizienten von η und ξ in (3.39) und (3.41) identifizieren, erhalten wir:

$$\begin{cases} \eta_n = \dfrac{\lambda'}{\lambda}\left(\dfrac{p'}{\rho}\eta_R - \dfrac{p'}{p}\eta_0\right) - \dfrac{p'}{\rho'}\eta'_R, & (3.42) \\[3mm] \xi_n = \dfrac{\lambda'}{\lambda}\left(\dfrac{p'}{\rho}\xi_R - \dfrac{p'}{p}\xi_0\right) - \dfrac{p'}{\rho'}\xi'_R \quad \text{(normales Bild).} & (3.43) \end{cases}$$

In gleicher Weise für das konjugierte Bild, indem wir

$$e^{j\frac{2\pi}{\lambda' p_n}(\eta_c \eta + \xi_c \xi)} \qquad (3.44)$$

mit (3.32) vergleichen, wobei η_c und ξ_c die Koordinaten des konjugierten Bildes sind.

Wir finden:

$$\begin{cases} \eta_c = \dfrac{\lambda'}{\lambda}\left(-\dfrac{p'}{\rho}\,\eta_R + \dfrac{p'}{p}\,\eta_0\right) - \dfrac{p'}{\rho'}\,\eta'_R, & (3.45) \\[3mm] \xi_c = \dfrac{\lambda'}{\lambda}\left(-\dfrac{p'}{\rho}\,\xi_R + \dfrac{p'}{p}\,\xi_0\right) - \dfrac{p'}{\rho'}\,\xi'_R \quad \text{(konjugiertes Bild)}. & (3.46) \end{cases}$$

Wenn wir η_0 um $\Delta\eta_0$ und ξ_0 um $\Delta\xi_0$ vergrößern, so erhalten wir $\Delta\eta_n$ und $\Delta\xi_n$ als Zuwachs für das normale Bild. Wir finden:

$$\Delta\eta_n = -\frac{\lambda'}{\lambda}\,\frac{p'}{p}\,\Delta\eta_0, \tag{3.47}$$

$$\Delta\xi_n = -\frac{\lambda'}{\lambda}\,\frac{p'}{p}\,\Delta\xi_0 \quad \text{(normales Bild)}, \tag{3.48}$$

dies bedeutet, daß wir beim Übergang von der Aufnahme, also dem Objekt selbst, zur Rekonstruktion des normalen Bildes eine Vergrößerung G haben, die bis auf das Vorzeichen durch

$$G = \frac{\Delta\eta_n}{\Delta\eta_0} = \frac{\Delta\xi_n}{\Delta\xi_0} = \frac{\lambda'}{\lambda}\,\frac{p'}{p} \tag{3.49}$$

gegeben ist, und, nach (3.37) erhalten wir

$$G = \left[1 - \frac{p}{\rho} + \frac{\lambda}{\lambda'}\,\frac{p}{\rho'}\right]^{-1}. \tag{3.50}$$

Für das konjugierte Bild hat sich nur das Vorzeichen des letzten Terms geändert. Die Formel (3.50) zeigt, daß die Vergrößerung gleich Eins ist, wenn sich die kohärenten Lichtquellen S_R bei der Aufnahme und S'_R bei der Rekonstruktion im Unendlichen befinden ($\rho = \rho' = \infty$). Dies gilt ebenfalls, wenn $\lambda = \lambda'$ mit $\rho = \rho'$ für das normale Bild und $\rho = -\rho'$ für das konjugierte Bild sind. Die Formel (3.50) ist sehr wichtig, wie wir bereits festgestellt haben, denn sie zeigt die Möglichkeit, beträchtliche Vergrößerungen zu erzielen, indem eine viel größere Wellenlänge für die Rekonstruktion verwendet wird als für die Aufnahme.

Indem wir jeweils die Richtung des Objekts S (Fig. 3.8), die der Referenzlichtquelle bei der Aufnahme S_R und die der Beleuchtungslichtquelle S'_R bei der Rekonstruktion mit α, θ und θ' bezeichnen, haben wir die folgenden Beziehungen:

normales Bild:
$$\alpha' = \frac{\lambda'}{\lambda}\,(\alpha - \theta) + \theta', \tag{3.51}$$

konjugiertes Bild:
$$\alpha'' = \frac{\lambda'}{\lambda}\,(-\alpha + \theta) + \theta'. \tag{3.52}$$

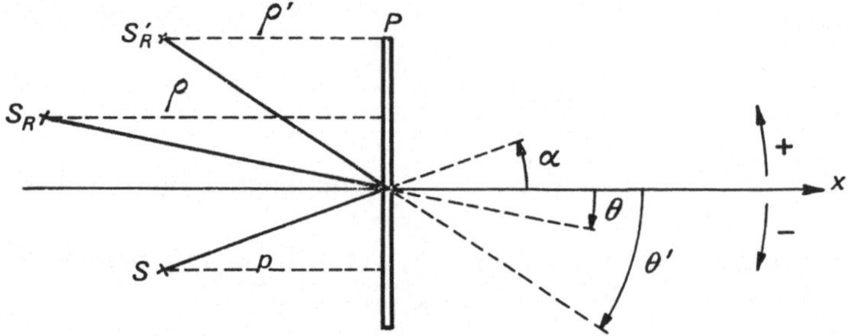

Fig. 3.8. Kennzeichnung der Richtungen, die dem Objektpunkt S der Referenzlichtquelle S_R (Aufnahme) und der Lichtquelle S'_R (Rekonstruktion) entsprechen

α' und α'' sind die Richtungen des normalen und des konjugierten Bildes. Die Winkel werden positiv im mathematischen Sinne gezählt. Um diese Formeln zu finden, genügt es, die Neigungen in die Exponentialfunktionen einzuführen.

3.6. Interferometrie mit Hilfe der Holographie*

Wir betrachten ein transparentes Objekt A, das von einem Parallellichtbündel beleuchtet wird (Fig. 3.9). Die photographische Platte P wird

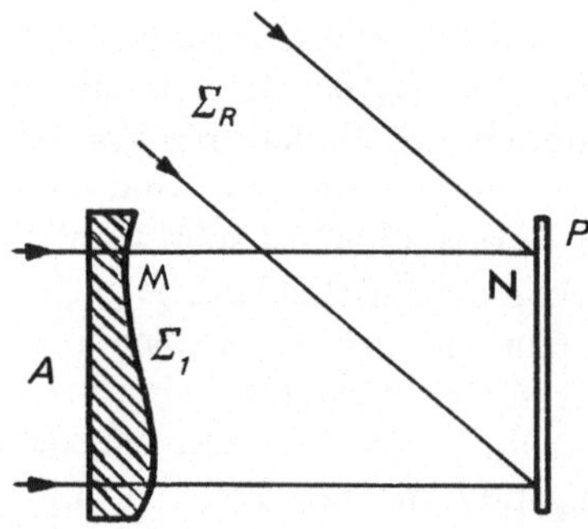

Fig. 3.9. Erste Aufnahme; das Phasenobjekt A ist an seinem Platz

von dem Licht getroffen, das durch A hindurchgeht und durch die kohärente Welle Σ_R wie in der gewöhnlichen Holographie. Es sei $F_1(\eta, \xi)$ die komplexe Amplitude, die an einem Punkt der photographischen

---

* Literaturverzeichnis siehe die Hinweise für Abschnitt 2.15.

Platte durch die Welle Σ_1, die das Objekt durchdrungen hat, hervorgerufen wird. In dem gleichen Punkt η, ξ ruft die kohärente Welle Σ_R die Amplitude $a(\eta, \xi)$ hervor. Wir machen unter diesen Bedingungen eine Aufnahme. Die Platte empfängt die Belichtung:

$$E_1 = (a + F_1)(a^* + F_1^*) = |a|^2 + |F_1|^2 + a^* F_1 + a F_1^*, \qquad (3.53)$$

und wenn die Belichtungszeit T_1 ist, so empfängt sie die Energie:

$$W_1 = T_1 E_1 = T_1 |a|^2 + T_1 |F_1|^2 + T_1 a^* F_1 + T_1 a F_1^*. \qquad (3.54)$$

Ohne zu entwickeln belichten wir ein zweites Mal, nachdem wir das Objekt A entfernt haben (Fig. 3.10). Die Platte P empfängt nun eine ebene Welle Σ_2' zuzüglich der kohärenten Welle Σ_R. Wenn die ebene

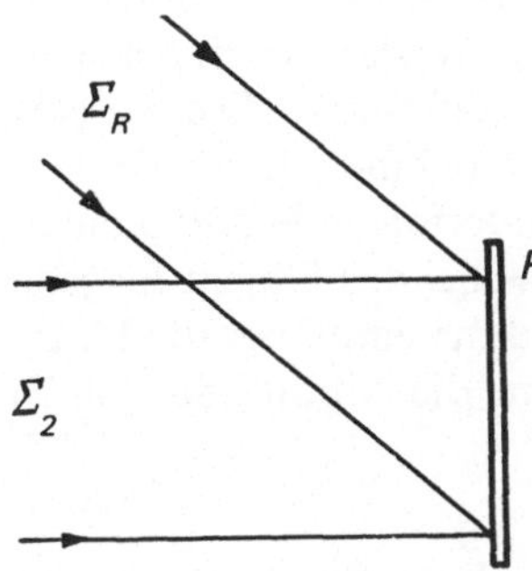

Fig. 3.10. Zweite Aufnahme; das Objekt ist entfernt worden

Welle Σ_2 (wobei das Objekt A entfernt ist) im Punkt η, ξ der photographischen Platte die Amplitude $F_2(\eta, \xi)$ hervorruft, dann empfängt die Platte die Belichtung:

$$E_2 = (a + F_2)(a^* + F_2) = |a|^2 + |F_2|^2 + a^* F_2 + a F_2^* \qquad (3.55)$$

und die Energie:

$$W_2 = T_2 E_2 = T_2 |a|^2 + T_2 |F_2|^2 + T_2 a^* F_2 + T_2 a F_2^*, \qquad (3.56)$$

wobei T_2 die Belichtungszeit dieser zweiten Aufnahme ist. Insgesamt erhält die Platte die Energie:

$$W = W_1 + W_2. \qquad (3.57)$$

Wenn wir uns auf den linearen Teil der Kurve der Fig. 3.3 setzen, so ist die Amplitude t_N, die von dem Hologramm nach der Entwicklung durchgelassen wird, durch den Ausdruck (3.5) gegeben, der sich hier schreibt:

$$t_N = t_0 - \beta \left[T_1 \, |F_1|^2 + T_2 \, |F_2|^2 + a^* (T_1 \, F_1 + T_2 \, F_2) + a (T_1 \, F_1^* + T_2 \, F_2^*) \right]. \quad (3.58)$$

Wenn wir das Hologramm durch die Welle $a(\eta, \xi)$ beleuchten, so rekonstruiert das normale Bild (der dritte Term des Klammerausdrucks) die Summe $T_1 \, F_1 + T_2 \, F_2$. Wir haben zwei virtuelle Bilder, die $T_1 \, F_1$ und $T_2 \, F_2$ entsprechen, und diese beiden Bilder können interferieren. Wenn das Objekt A z. B. eine Platte veränderlicher Dicke e mit dem Brechungsindex n ist, so werden wir die Änderungen des optischen Weges $(n-1)\,e$ beobachten. Das bemerkenswerte Ergebnis dieses Versuchs ist also das folgende: *die beiden Wellen F_1 und F_2, die zu verschiedenen Zeiten aufgenommen wurden, sind dennoch fähig zu interferieren.*

In gleicher Weise rekonstruiert der vierte Term des Klammerausdrucks (3.58), wenn wir das Hologramm mit einer Welle $a^*(\eta, \xi)$ beleuchten, zwei reelle Bilder $T_1 \, F_1^*$ und $T_2 \, F_2^*$, die interferieren. Die vorhergehenden Ergebnisse sind allgemeingültig. Wir nehmen nun mit dem gleichen kohärenten Untergrund $\Sigma_R \, N$ aufeinanderfolgende Aufnahmen auf der gleichen photographischen Platte auf, wobei das Objekt für jede Aufnahme verschieden ist. Bei der ersten Aufnahme empfängt die Platte die Amplitude $F_1(\eta, \xi)$, bei der zweiten Aufnahme die Amplitude $F_2(\eta, \xi)$ usw. Der Ausdruck (3.58) schreibt sich jetzt:

$$t_N = t_0 - \beta \left[\sum_1^N T \, |F|^2 + a^* \sum_1^N TF + a \sum_1^N TF^* \right]. \quad (3.59)$$

Wenn das Hologramm durch die Welle $a(\eta, \xi)$ beleuchtet wird, so zeigt der Term $a^* \sum_1^N TF$ die Interferenzen von N virtuellen Bildern $T_2 \, F_2$, $T_2 \, F_2$. Wenn hingegen das Hologramm von der Welle $a^*(\eta, \xi)$ beleuchtet wird, so zeigt der Term $a \sum_1^N TF^*$ die Interferenzen von N reellen Bildern $T_1 \, F_1^*$, $T_2 \, F_2^*$ usw. Wir bemerken hier, daß es, um die gesamte Oberfläche des transparenten Objektes A bei dem in Fig. 3.9 gezeigten Versuch zu sehen, nötig ist, die gesamte Fläche des Hologramms bei der Rekonstruktion zu nutzen. Das Objekt A ist in der Tat ein transparentes und nicht etwa ein streuendes Objekt; unter diesen Umständen sendet ein beliebiger Punkt M (Fig. 3.9) Licht nur in das Gebiet N, das praktisch dem geometrischen Strahl entspricht. Die Beobachtung des virtuellen Bildes kann anhand des Schemas der Fig. 2.36 vorgenommen werden.

3.7. Interferometrie mit Hilfe der Holographie bei Verwendung von Mattscheiben *

Wir betrachten ein Objekt A (Fig. 3.11), das von einem parallelen Lichtbündel beleuchtet wird. Das Objekt A ist z. B. eine planparallele Glasplatte, deren Dicke ungleichmäßig ist. Hinter das Objekt A stellen wir

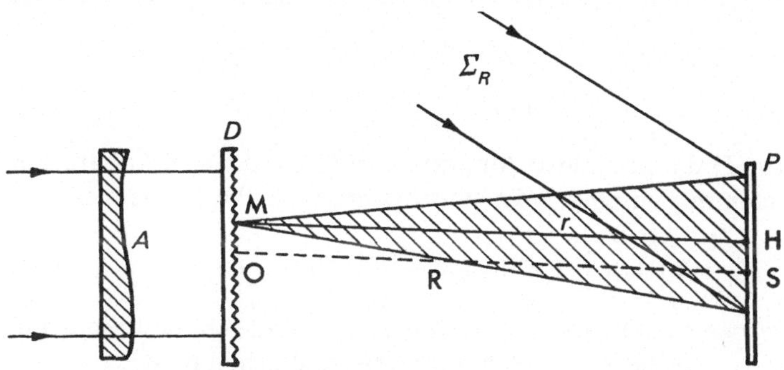

Fig. 3.11. Interferometrie mit einem Streuschirm D

eine Mattscheibe D und in einer gewissen Entfernung dahinter eine photographische Platte P, auf der das Hologramm aufgenommen wird. Σ_R ist der kohärente Untergrund, der direkt auf P eingestrahlt wird. M sei nun ein beliebiger Punkt der Mattscheibe und H ein beliebiger Punkt der Ebene P. Im folgenden nehmen wir an, daß die Entfernung zwischen D und P groß ist im Verhältnis zu den lateralen Dimensionen von D und P. Der Punkt H wird als fest angesehen, und der Punkt M kann eine beliebige Position auf der Mattscheibe haben. Unter diesen Bedingungen wollen wir die Amplitude des durch das Mattglas nach P gebeugten Lichtes berechnen. Aufgrund der Dickeschwankungen von D fluktuiert die Position des Punktes M um eine mittlere Ebene, deren Abstand von P gleich r ist. Setzen wir nun:

$$\overline{MH} = r + \delta, \tag{3.60}$$

wobei δ die Wirkung der Mattscheibe bedeutet. In Abwesenheit des Objektes A kann man die durch M nach H gebeugte Amplitude, nach dem Huygens-Fresnelschen Prinzip, in der vereinfachten Form:

$$\frac{e^{jKr + j\Phi}}{j\lambda r} \tag{3.61}$$

---

* Literaturverzeichnis 24, 191.

schreiben, wobei $\Phi = K\delta$ die Phasenschwankungen, die durch die Mattscheibe verursacht werden, darstellt. Wenn das Objekt A eingeschoben ist, führt es eine zusätzliche Phasenverschiebung φ in M ein und die gebeugte Amplitude ist in H:

$$\frac{e^{j(\varphi+\Phi)}\,e^{jKr}}{j\lambda r}. \tag{3.62}$$

Die Gesamtamplitude in H, die durch die Mattscheibe hervorgerufen wird, ist:

$$F_1(\eta,\,\xi) = \frac{e^{jKr}}{j\lambda r}\iint e^{j(\varphi+\Phi)}\,dy\,dz. \tag{3.63}$$

Wenn $a(\eta,\,\xi)$ die komplexe Amplitude in H ist, die von kohärenten Wellen Σ_R stammt, empfängt die photographische Platte die Beleuchtung:

$$E_1 = (a+F_1)(a^*+F_1^*) = |a|^2 + |F_1|^2 + a^* F_1 + a F_1^*. \tag{3.64}$$

Wir entfernen das Objekt A und nehmen ein zweites Hologramm auf. Die Amplitude in P, hervorgerufen durch die Mattscheibe, ist:

$$F_2(\eta,\,\xi) = \frac{e^{jKr}}{j\lambda r}\iint e^{j\Phi}\,dy\,dz. \tag{3.65}$$

Die photographische Platte empfängt die Beleuchtung:

$$E_2 = (a+F_2)(a^*+F_2^*) = |a|^2 + |F_2|^2 + a^* F_2 + a F_2^*. \tag{3.66}$$

Wenn die beiden Belichtungen die gleiche Belichtungsdauer T haben, so ist die von der Platte empfangene Energie $W = (E_1 + E_2)\,T$. Wenn wir uns, wie üblich, in den linearen Teil der Kurve der Fig. 3.3 begeben, beträgt die von dem Hologramm nach der Entwicklung durchgelassene Amplitude:

$$t_N = t_0 - \beta'\left[|F_1|^2 + |F_2|^2 + a^*(F_1+F_2) + a(F_1^*+F_2^*)\right]. \tag{3.67}$$

Der dritte Term des Klammerausdrucks rekonstruiert ein virtuelles Bild der Mattscheibe, deren Struktur wir untersuchen. Nach (3.63) und (3.65) haben wir:

$$F_1 + F_2 = \frac{e^{jKr}}{j\lambda r}\iint (1+e^{j\varphi})\,e^{j\Phi}\,dy\,dz. \tag{3.68}$$

Wir rekonstruieren die Mattscheibe mit einer an jedem Punkt bis auf einen konstanten Faktor durch

$$\mathscr{A} = (1+e^{j\varphi})\,e^{j\Phi} \tag{3.69}$$

96

gegebenen Amplitude, woraus sich die Intensität:

$$I = \mathscr{A}\,\mathscr{A}^* = \cos^2 \frac{\varphi}{2} \qquad (3.70)$$

ergibt. Wir sehen also, auf die Mattscheibe projiziert, eine Interferenzfigur, die für die Unregelmäßigkeiten der Dicke des Objektes A charakteristisch ist. Wenn n der Brechungsindex der Glasplatte ist und e ihre Dicke, dann bezeichnen die Interferenzstreifen die Linien, für die $(n-1)\,e$ gleich einer Konstanten ist.

Der Vorteil vor der gewöhnlichen Methode ohne Mattscheibe ist die Möglichkeit, einen beliebigen Teil des Hologramms zu benützen. In der Tat sendet jeder Punkt M der Mattscheibe gebeugtes Licht auf das gesamte Hologramm, und wir können den Punkt M, d. h. die Mattscheibe, rekonstruieren, ohne verpflichtet zu sein, die ganze Fläche des Hologramms zu benutzen, wie dies für gerichtetes Licht der Fall ist (gewöhnliche Methode ohne Mattscheibe) (Abschnitt 3.6). Das virtuelle Bild kann also direkt mit dem Auge ohne Hilfslinse beobachtet werden. Es ist zu bemerken, daß, wenn das von der Mattscheibe gebeugte Licht depolarisiert ist, während die vom Laser kommende kohärente Welle polarisiert ist, es dennoch unnötig ist, das von der Mattscheibe ausgehende Licht zu polarisieren, indem ein Polarisator hinter letztere gesetzt wird. In der Tat kann die von dem kohärenten Untergrund herrührende polarisierte Lichtwelle in zwei zueinander senkrechte und unter 45° zu der polarisierten Lichtwelle schwingende Komponenten zerlegt werden. Die beiden zueinander senkrechten Richtungen sind die des natürlichen Lichtes, das von der Mattscheibe herrührt. Auf dem Hologramm werden zwei identische, inkohärente Erscheinungen aufgenommen. Bei der Rekonstruktion sind sie jedoch kohärent, und die Erscheinung ist vollständig zu beobachten.

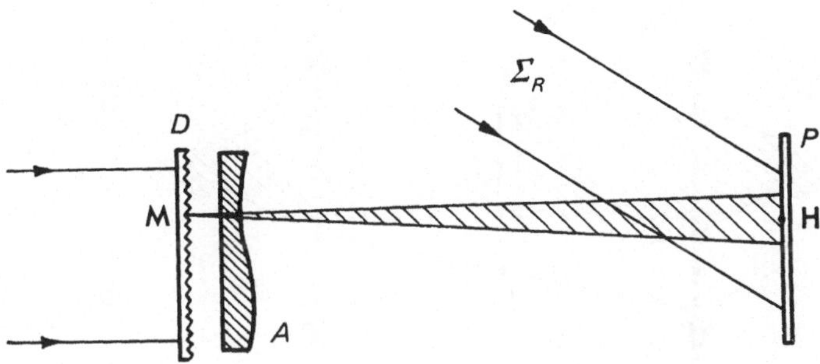

Fig. 3.12. Das Phasenobjekt befindet sich zwischen dem Streuschirm und der photographischen Platte

Schließlich ist es möglich, das transparente Objekt zwischen die Mattscheibe und das Hologramm einzuschieben, wie in Fig. 3.12 gezeigt wird. Bei der Rekonstruktion blendet das Auge das Hologramm in der Weise ab, daß, wenn wir das virtuelle Bild beobachten, in jedem Punkt des Bildes der Mattscheibe der Gangunterschied ausreichend gut bestimmt ist.

3.8. Interferometrie mit Hilfe der Holographie und Streuschirmen hoher Durchlässigkeit

J. M. Burch hat das erste Interferometer gebaut, das Streuschirme hoher Durchlässigkeit benutzte. Die Anwendung dieser Streuschirme in der Interferometrie mit Hilfe der Holographie ist besonders interessant. Die von J. W. Gates verwandte Anordnung ist auf Fig. 3.13 angegeben. Der Streuschirm D ist im Brennpunkt eines Objektivs O_1 und eine photographische Platte P im Brennpunkt des Objektivs O_2. Das von D direkt durchgelassene Bündel erzeugt in L in der Brennebene von O_1 ein Bild der Lichtquelle. Dieses Bild selbst ist im Brennpunkt des Objektivs O_2. Ein beliebiger Punkt M in D streut etwas von dem Licht, das das zu untersuchende transparente Objekt A bedeckt. Die Platte P nimmt also das Hologramm von A mit L als kohärenter Referenzlichtquelle auf. Wir machen eine Aufnahme mit und eine Aufnahme ohne das Objekt A. Das so erhaltene Hologramm zeigt die Schwankungen des optischen Weges im Objekt. Wir können anders vorgehen (Echtzeit-Interferometrie), wenn wir das Hologramm ohne das Objekt aufnehmen. Nach der Entwicklung wird das Hologramm wieder in die gleiche Position gebracht, die es bei der Aufnahme innehatte. Wenn nun das Objekt in den Versuchsaufbau eingefügt wird, können wir direkt die Veränderungen des opti-

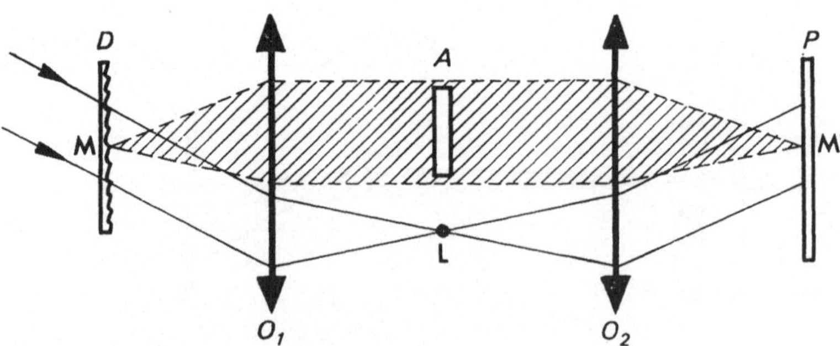

Fig. 3.13. Interferometrie mit einem Streuschirm hoher Durchlässigkeit

schen Weges beobachten. Wir können ferner das Hologramm mit dem Objekt aufnehmen und nach der Entwicklung das Hologramm in die gleiche Position zurückbringen, ohne das Objekt zu entfernen. Dieses Mal beobachten wir die Veränderungen des Objektes zwischen dem Augenblick der Hologrammaufnahme und dem Augenblick der Beobachtung.

3.9. Einige Versuche mit der Holographie von Gabor

Die Fig. 3.14 zeigt das Prinzip der Aufnahme eines Hologrammes von GABOR. Das Objekt A ist ein Amplitudenobjekt von geringer Durchlässigkeit. Wenn es mit einem Parallellichtbündel monochromatischen

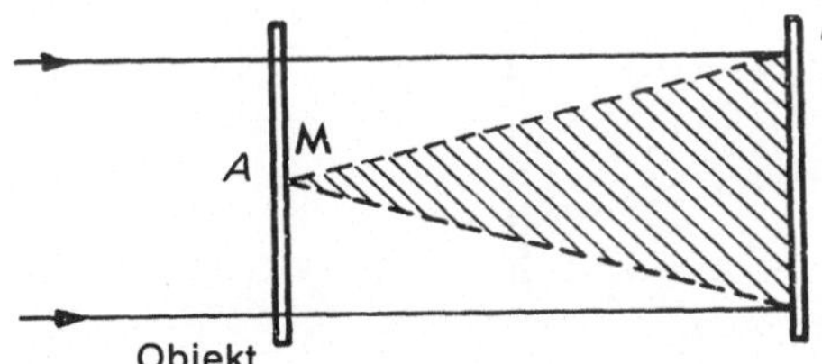

Fig. 3.14. Aufnahme eines Gabor-Hologramms von dem Objekt A

Lichtes beleuchtet wird, durchsetzt ein beträchtlicher Teil des einfallenden Lichtes das Objekt A, so, als ob dieses nicht existierte. Ein kleinerer Anteil wird von den Amplitudenunregelmäßigkeiten gebeugt, die eigentlich das Objekt darstellen. Das Licht, das direkt das Objekt durchdringt, stellt die kohärente Welle dar, analog zu der Welle Σ_R der vorhergehenden Figuren (3.2, 3.8, 3.10 und 3.11), aber sie ist nicht vom Objekt getrennt. Sie kommt zur Interferenz mit dem Licht, das von den verschiedenen Punkten, wie z. B. M, des Objektes A gebeugt wird. Wenn

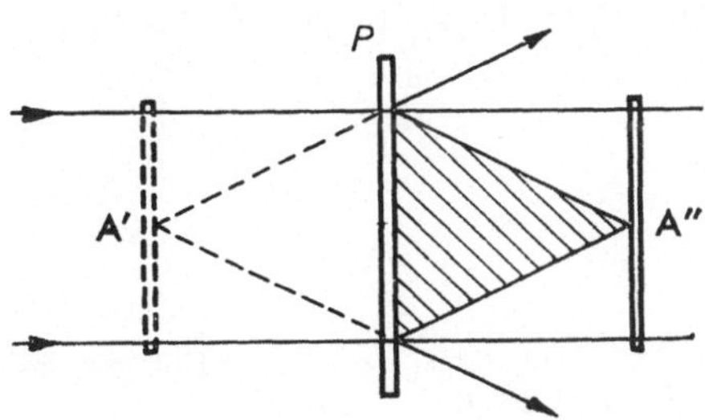

Fig. 3.15. Rekonstruktion der beiden Bilder A' und A''

wir nach der Entwicklung das Hologramm wie bei der Aufnahme mit einem normalen Parallellichtbündel beleuchten (Fig. 3.15), so finden wir zwei Bilder, ein virtuelles A' und ein reelles A'', wobei diese beiden Bilder, bezogen auf das Hologramm, symmetrisch zueinander sind.

Um die folgenden Experimente durchführen zu können, benötigen wir einen Streuschirm hoher Durchlässigkeit, der leicht hergestellt werden kann, wie in Fig. 3.16 gezeigt wird. Eine Mattscheibe D_0 wird von einem Laser beleuchtet und in einer bestimmten Entfernung, etwa 30 bis 40 cm, wird eine photographische Platte aufgestellt. Nach der Entwicklung ergibt die Platte ein Negativ, das durch sehr kleine Amplitudenvariationen gekennzeichnet ist. Dieses Negativ wird in den folgenden Experimenten verwendet.

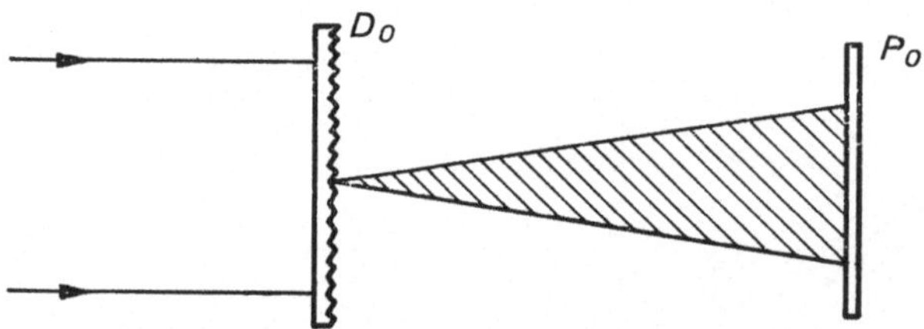

Fig. 3.16. Herstellung des Streuschirmes, der für die in den Figuren 3.14 und 3.15 gezeigten Versuche gebraucht wird

Erstes Experiment

Der Streuschirm P_0 und die photographische Platte P werden von einem monochromatischen Parallellichtbündel beleuchtet, und es wird nur eine einzelne Aufnahme gemacht (Fig. 3.17). Das so erhaltene Negativ ist ein Gabor-Hologramm, das zwei identische Bilder des Streuschirms P_0 rekonstruiert. Wir betrachten zwei einfallende Strahlen, die durch das Hologramm in J und H gebeugt werden (Fig. 3.18). Der Strahl JJ′ scheint von dem Punkt I′ des virtuellen Bildes P_0' des Streuschirmes herzukommen. Der Strahl HH′ geht durch den Punkt I″ des reellen Bildes P_0'' des

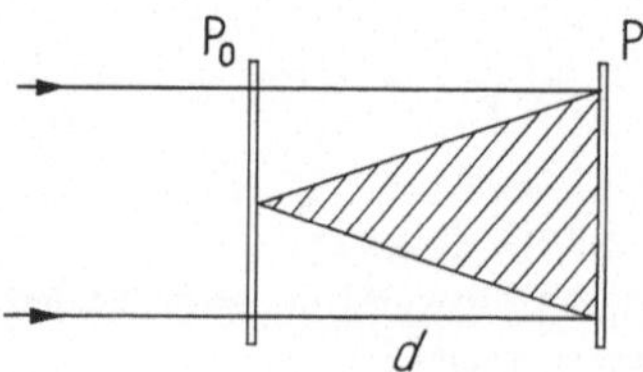

Fig. 3.17. Aufnahme des Gabor-Hologramms des Streuschirms P_0

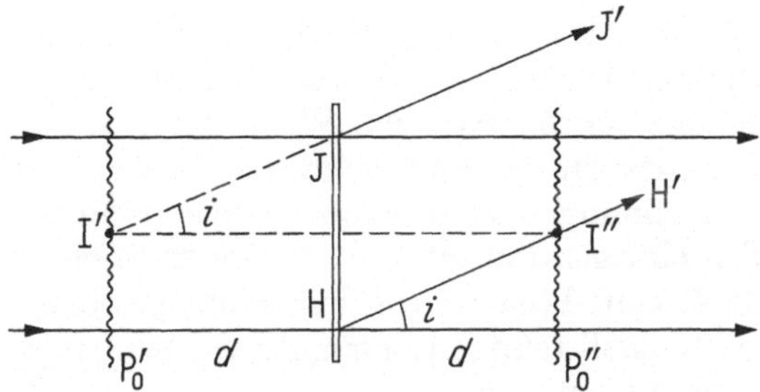

Fig. 3.18. Beobachtung von in weißem Licht sichtbaren Interferenzringen mit Hilfe des nach Fig. 3.17 erhaltenen Hologramms

Streuschirmes. Wenn die beiden Punkte I' und I'' zwei identische Punkte der beiden Streuschirme sind, können die beiden Strahlen JJ' und HH' zur Interferenz kommen. Eine einfache Rechnung zeigt, daß der Gangunterschied in der Richtung i zwischen den beiden Strahlen JJ' und HH' gleich $2\,i^2\,d$ ist, wobei d die Entfernung des Streuschirmes von der photographischen Platte ist. Wenn wir eine entfernte Punktlichtquelle durch das Hologramm P hindurch beobachten, so sehen wir Ringe, deren Intensitätsverteilung durch die Beziehung $\cos^2\,(2\,\pi\,i^2\,d/\lambda)$ gegeben ist. Diese Ringe sind in weißem Licht sichtbar und ergeben ein eindrucksvolles Phänomen.

Zweites Experiment

Wir wiederholen das gleiche Experiment, aber wir machen jetzt eine Reihe von Aufnahmen, wobei wir von Aufnahme zu Aufnahme die Entfernung d um den Betrag ε verändern. Nach der Entwicklung rekonstruiert das Hologramm eine entsprechende Reihe von identischen Streuschirmen. Wenn wir eine entfernte Punktlichtquelle durch das Hologramm hindurch beobachten, so sehen wir sehr feine Ringe, die wie klassische Vielstrahlinterferenzringe erscheinen. Auch diese Beobachtungen können wir in weißem Licht durchführen.

Drittes Experiment

Wir ersetzen den statischen Streuschirm der vorhergehenden Experimente durch ein zweidimensionales Gitter hoher Durchlässigkeit. Wenn die beugenden Elemente des Gitters nicht sehr klein sind, müssen sie das Licht streuen, damit das von diesen Elementen ausgehende Licht die photographische Platte überdeckt. Wir machen nun eine Reihe von aufeinanderfolgenden Aufnahmen, wobei wir den Abstand des Gitters zu der Platte zwischen jeder Aufnahme verändern. Nach der Entwicklung rekonstruiert das Hologramm eine Reihe von identischen Gittern, deren Gesamtheit ein dreidimensionales Gitter darstellt. Wenn wir eine entfernte Punktlichtquelle durch das Hologramm hindurch beobachten, so sehen wir die Beugungserscheinung eines dreidimensionalen Gitters. Wenn wir uns nicht auf einen einzigen Gittertyp beschränken, sondern uns verschiedener Gitter bedienen, können wir mit Hilfe passender Kombinationen einen echten Kristall rekonstruieren, dessen Beugungserscheinung optisch beobachtet werden kann.

3.10. Holographie bewegter Objekte*

Wir betrachten nun den Versuch, der auf Fig. 3.19 gezeigt ist. Aus Gründen der Einfachheit ist das Objekt eine Punktlichtquelle S_0. Die Lichtquelle S_0 beleuchtet die photographische Platte η, ξ, die die kohärente Welle Σ_R direkt empfängt. Während der Aufnahme verschiebt sich die Punktlichtquelle S_0, und wir wollen die Erscheinungen, die bei der Rekonstruktion entstehen, betrachten. Für einen beliebigen Punkt H mit den Koordinaten η, ξ kann die von dem Punkt S_0 ausgehende Amplitude in der Form:

$$\frac{e^{jK \cdot \overline{S_0H}}}{j\lambda \cdot \overline{S_0H}} \tag{3.71}$$

geschrieben werden.

Der Punkt S_0, der ein Punkt eines streuenden Objektes sein kann, wird von einer Welle Σ beleuchtet, die mit der Richtung S_0O den Winkel θ_1 bildet. Wir nehmen an, daß der Punkt S_0 eine sinusförmige Bewegung zwischen den beiden Positionen S_1 und S_2 ausführt, und wir setzen nun $p_0 = S_0S_1 = S_0S_2$. Die Entfernung S_1S_2 ist auf der Fig. 3.19 sehr übertrieben, und wir nehmen an, daß S_1S_2 im Verhältnis zu S_0O klein ist. Unter diesen Bedingungen bilden S_1H, S_0H und S_2H praktisch den gleichen Winkel θ_2 mit S_0O. Wenn sich der leuchtende Punkt in der Position S_1 befindet, verlängert sich der optische Weg um den Betrag:

$$\overline{S_1\,h_1} + \overline{S_1\,h_0} = p_0(\cos\theta_1 + \cos\theta_2). \tag{3.72}$$

Er vermindert sich um den gleichen Betrag, wenn sich der leuchtende Punkt in S_2 befindet. Wenn $S_0H = p$ können wir deshalb die von dem punktförmigen Objekt in H ausgehende Amplitude in der vereinfachten Form:

$$F(\eta,\,\xi,\,t) = e^{jK[p + p_0(\cos\theta_1 + \cos\theta_2)\cos(\omega t + \varphi)]} \tag{3.73}$$

---

* Literaturhinweise wie in Abschnitt 2.18.

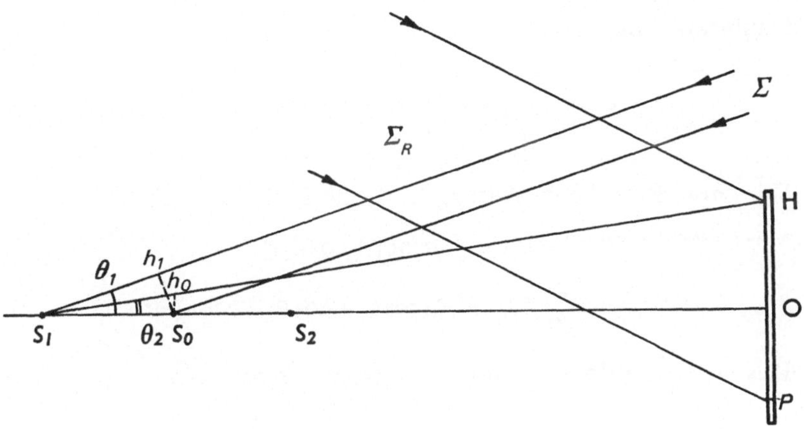

Fig. 3.19. Aufnahme des Hologramms eines bewegten Objekts

schreiben, wobei $2\pi/\omega$ die Periode der Oscillationen von S_0 ist. Da das Licht monochromatisch ist, kann die von S_0 in H ausgehende Amplitude in die Form gebracht werden:

$$F(\eta, \xi, t)\, e^{j2\pi vt}, \tag{3.74}$$

v ist hier die Frequenz des verwendeten Lichts. Die kohärente Welle Σ_R, die aus der gleichen monochromatischen Strahlung der Frequenz v besteht, strahlt in H die Amplitude:

$$a(\eta, \xi)\, e^{j2\pi vt} \tag{3.75}$$

aus, und die Beleuchtung in H ist:

$$E = (a+F)(a^* + F^*) = |a|^2 + |F|^2 + a^* F + aF^*, \tag{3.76}$$

daraus folgt die empfangene Energie, wenn wir T für die Belichtungszeit setzen:

$$W = E\,T = T|a|^2 + \int_{-\frac{T}{2}}^{+\frac{T}{2}} |F|^2 \, dt + a^* \int_{-\frac{T}{2}}^{+\frac{T}{2}} F \, dt + a \int_{-\frac{T}{2}}^{+\frac{T}{2}} F^* \, dt. \tag{3.77}$$

Aufgrund von (3.74) und (3.75) können wir den dritten Term, der das virtuelle Bild von S ergibt, auch schreiben:

$$a^* \int_{-\frac{T}{2}}^{+\frac{T}{2}} F \, dt = a^* \int_{-\frac{T}{2}}^{+\frac{T}{2}} F(\eta, \xi, t) \, dt, \tag{3.78}$$

103

und, aufgrund von (3.72):

$$a^* \, e^{jKp} \int_{-\frac{T}{2}}^{+\frac{T}{2}} e^{jKp_0(\cos\theta_1+\cos\theta_2)\cos(\omega t+\varphi)} \, dt. \tag{3.79}$$

Wir entwickeln diesen Ausdruck in eine Reihe und erhalten:

$$e^{jKp_0(\cos\theta_1+\cos\theta_2)\cos(\omega t+\varphi)} = J_0\,[K\,p_0(\cos\theta_1+\cos\theta_2)]$$

$$+2\sum_{n=1}^{\infty} j^n J_n\,[K\,p_0(\cos\theta_1+\cos\theta_2)]\cos n(\omega t+\varphi). \tag{3.80}$$

Das virtuelle Bild wird durch den Term beschrieben:

$$a^* \, e^{jKp} \int_{-\frac{T}{2}}^{+\frac{T}{2}} \left\{ J_0\,[K\,p_0(\cos\theta_1+\cos\theta_2)] \right.$$

$$\left. +2\sum_{n=1}^{\infty} j^n J_n\,[K\,p_0(\cos\theta_1+\cos\theta_2)]\cos n(\omega t+\varphi)\right\} dt. \tag{3.81}$$

Wenn die Belichtungszeit T viel länger als $\dfrac{2\pi}{\omega}$ ist, haben wir praktisch

$$\sum_{n=1}^{\infty} j^n J_n\,[K\,p_0(\cos\theta_1+\cos\theta_2)] \int_{-\frac{T}{2}}^{+\frac{T}{2}} \cos n(\omega t+\varphi)\, dt=0. \tag{3.82}$$

Das virtuelle Bild wird also nur von einem Term dargestellt, der zu:

$$J_0\,[K\,p_0(\cos\theta_1+\cos\theta_2)] \tag{3.83}$$

proportional ist, während die Intensität dem Quadrat $J_0^2\,[K\,p_0(\cos\theta_1+\cos\theta_2)]$ oder einfach $J_0^2(2K\,p_0)$ entspricht, wenn θ_1 und θ_2 klein sind. Im Falle eines ausgedehnten Objektes hängt die Intensität in jedem Punkt von der Schwingungs-Amplitude p_0 in diesem Punkt ab.

Die Formel (3.82) drückt ein allgemeingültiges Resultat, das auch in einer anderen Form ausgedrückt werden kann, aus. Wenn die Bewegung des Objektes beliebig ist, so haben wir nach dem Fourier-Theorem:

$$F(\eta,\,\xi,\,t)= \int_{-\infty}^{+\infty} f(\eta,\,\xi,\,v')\,e^{j2\pi v't}\, dv', \tag{3.84}$$

wobei $f(\eta,\,\xi,\,v')$ die Amplitude jeder Komponente der Frequenz v' der Bewegung des Objekts angibt.

Wenn $g(t)$ die Rechtecksfunktion ist:

$$g(t)=1 \quad |t|\leqq\frac{T}{2}, \qquad g(t)=0 \quad |t|>\frac{T}{2}, \tag{3.85}$$

können wir den Term (3.78), der das virtuelle Bild darstellt, schreiben:

$$a^* \int_{-\frac{T}{2}}^{+\frac{T}{2}} F(\eta, \xi, t)\, \mathrm{d}t = a^* \int_{-\infty}^{+\infty} g(t)\, F(\eta, \xi, t)\, \mathrm{d}t, \qquad (3.86)$$

und, aufgrund von (3.84):

$$a^* \int_{-\infty}^{+\infty} g(t)\, F(\eta, \xi, t)\, \mathrm{d}t = a^* \int_{-\infty}^{+\infty} g(t) \left[\int_{-\infty}^{+\infty} f(\eta, \xi, v')\, \mathrm{e}^{\mathrm{j}2\pi vt}\, \mathrm{d}v \right] \mathrm{d}t. \qquad (3.87)$$

Wenn wir nun die Integrationen invertieren:

$$a^* \int_{-\infty}^{+\infty} f(\eta, \xi, v) \left[\int_{-\infty}^{+\infty} g(t)\, \mathrm{e}^{-\mathrm{j}2\pi vt}\, \mathrm{d}t \right] \mathrm{d}v = Ta^* \int_{-\infty}^{+\infty} \frac{\sin \pi v T}{\pi v T} f(\eta, \xi, v)\, \mathrm{d}v, \quad (3.88)$$

so wird in einem Punkt η, ξ und für die Komponente der Frequenz v (Objektsbewegung) die Amplitude $f(\eta, \xi, v')$ dieser Frequenz mit dem Faktor: $\dfrac{\sin \pi v' T}{\pi v' T}$ multipliziert, der als zeitliche Übertragungsfunktion auftritt (Fig. 3.20). Wenn die Belichtungszeit T viel größer ist als die Periode $\dfrac{2\pi}{\omega}$ der Komponente der Frequenz v', so haben wir:

$$T \gg \frac{1}{v'} = \frac{2\pi}{\omega}; \quad v' \gg \frac{1}{T}. \qquad (3.89)$$

Praktisch können wir die Komponente der Frequenz v' der Objektsbewegung nicht beobachten. Dies ist der Fall, dem wir bereits vorher für die sinusförmige Bewegung der Punktlichtquelle S (Fig. 3.19) begegnet sind. Nur der Term $J_0(2K p_0)$ der Frequenz Null kann beobachtet werden.

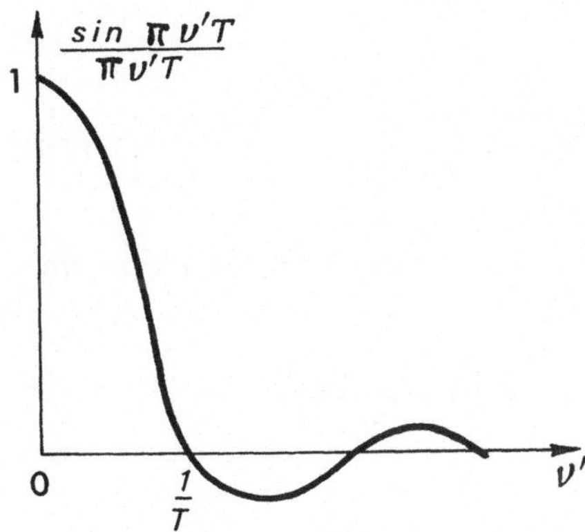

Fig. 3.20. Zeitliche Übertragungsfunktion im Versuch der Fig. 3.19

105

3.11. Die Zonenplatte in der Holographie*

Im ersten Kapitel haben wir die Zonenplatte benützt, um eine einfache Erklärung des physikalischen Mechanismus der Holographie zu geben. Wir wollen jetzt einige Erläuterungen über die Bildentstehung angeben, die von einem sinusförmigen Zonengitter hervorgerufen werden**.

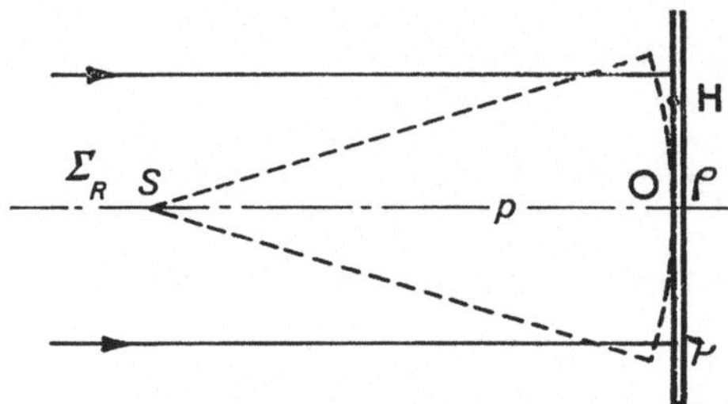

Fig. 3.21. Aufnahme eines zirkulären (Zonen-)gitters des Typs $\cos^2 x^2$

Zur Herstellung des sinusförmigen Zonengitters wird eine photographischen Platte P (Fig. 3.21) durch eine ebene Welle Σ_R und durch eine Kugelwelle, die der Punktlichtquelle S, die die Entfernung p von der Platte hat, beleuchtet. Diese beiden Wellen sind kohärent und ihr Gangunterschied in O ist gleich δ. Wenn die beiden Wellen die gleiche Amplitude in der Plattenebene haben, dann ist die Beleuchtung in einem Punkt H, der in der Entfernung ρ von dem Punkt O gelegen ist:

$$E = \cos^2\left[\frac{\pi}{\lambda}\left(\delta + \frac{\rho^2}{2p}\right)\right], \tag{3.90}$$

d.h. bis auf einen Faktor:

$$E = 1 + \cos\left[K\left(\delta + \frac{\rho^2}{2p}\right)\right], \tag{3.91}$$

und wenn T die Belichtungszeit ist, dann ist die von der Platte empfangene Energie W:

$$W = E\,T = T\left\{1 + \cos\left[K\left(\delta + \frac{\rho^2}{2p}\right)\right]\right\}. \tag{3.92}$$

---

* Literaturverzeichnis 77.
** Literaturverzeichnis 13a.

Um in dem linearen Teil der Kurve $t_N = f(W)$ arbeiten zu können, der die Amplitude t_N, die von dem Negativ nach der Entwicklung durchgelassen wird, mit der Energie W, die von der Platte empfangen wurde, verbindet, darf E keine Minima haben, die durch Null gehen. Wenn m eine Konstante, größer als Eins, ist, können wir schreiben:

$$W = T\left\{ m + \cos\left[K\left(\delta + \frac{\rho^2}{2p} \right) \right] \right\}. \tag{3.93}$$

Wir setzen:

$$W_0 = Tm. \tag{3.94}$$

Wenn β die Steigung des linearen Teils der Kurve $t_N = f(W)$ (Fig. 3.22) ist, dann ist die von dem Negativ durchgelassene Amplitude:

$$t_N = t_0 - \beta(W - W_0), \tag{3.95}$$

wobei t_0 die durchgelassene Amplitude ist, die W_0 entspricht.

Aufgrund von (3.93) haben wir

$$t_N = t_0 - \beta T \cos\left[K\left(\delta + \frac{\rho^2}{2p} \right) \right], \tag{3.96}$$

und, wenn $\beta' = \beta T$ ist:

$$t_N = t_0 - \beta' \cos\left[K\left(\delta + \frac{\rho^2}{2p} \right) \right]. \tag{3.97}$$

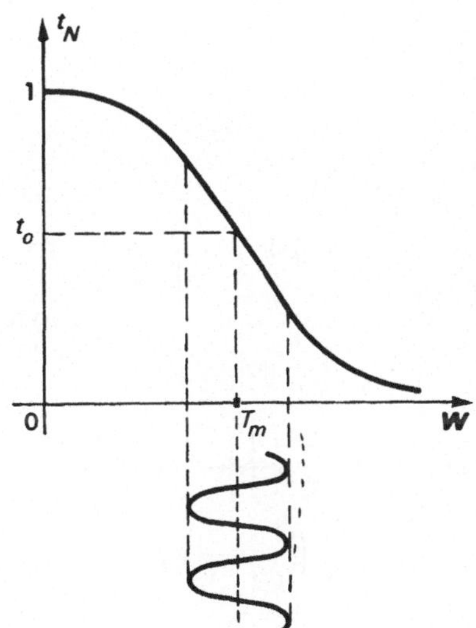

Fig. 3.22. Die von dem Negativ durchgelassene Amplitude

Wir beleuchten nun dies Hologramm mit einem Parallelstrahlenbündel und beobachten die Erscheinung in einer Ebene, π, die die Entfernung l von dem Hologramm hat (Fig. 3.23). In einem beliebigen Punkt des Schirms π wird die Amplitude durch die Fresnel-Kirchhoffsche Formel* gegeben:

$$f(y, z) = \frac{e^{jKl}}{j\lambda l}\, e^{j\frac{K}{2l}(y^2 + z^2)} \iint t_N\, e^{j\frac{K}{2l}(\eta^2 + \xi^2)}\, e^{-j\frac{K}{l}(y\eta + z\xi)}\, d\eta\, d\xi, \quad (3.98)$$

wobei η, ξ die Koordinaten eines Punktes des Hologramms sind, während y, z jene eines Punktes auf der Beobachtungsebene π bedeuten. Auf der Achse des Zonengitters, das das Negativ darstellt, d.h. in O, beträgt die Amplitude, nach (3.98) und bis auf einen konstanten Faktor:

$$f(0, 0) = \iint t_N\, e^{j\frac{K}{2l}\rho^2}\, \rho\, d\rho\, d\theta, \quad (3.99)$$

wobei:

$$\rho^2 = \eta^2 + \xi^2. \quad (3.100)$$

Mit Hilfe von (3.97) finden wir:

$$f(0, 0) = \tfrac{1}{2} \iint \left\{ t_0 - \beta' \cos\left[K\left(\delta + \frac{\rho^2}{2p}\right) \right] \right\} e^{j\frac{K}{2l}\rho^2}\, d\rho^2\, d\theta, \quad (3.101)$$

und wenn ρ_0 der Radius des Zonengitters ist, so ist:

$$f(0, 0) = \pi \int_0^{\rho_0} \left\{ t_0 - \beta' \cos\left[K\left(\delta + \frac{\rho^2}{2p}\right) \right] \right\} e^{j\frac{K}{2l}\rho^2}\, d\rho \quad (3.102)$$

woraus:

$$f(0, 0) = \pi\, t_0\, \rho_0^2\, e^{j\frac{K}{4l}\rho_0^2}\, \frac{\sin \dfrac{K\rho_0^2}{4l}}{\dfrac{K\rho_0^2}{4l}}$$

$$- \frac{\pi\beta'\rho_0^2}{2}\, e^{jK\left[\left(\frac{1}{p}+\frac{1}{l}\right)\frac{\rho_0^2}{4} + \delta\right]}\, \frac{\sin \dfrac{K}{4}\left(\dfrac{1}{p}+\dfrac{1}{l}\right)\rho_0^2}{\dfrac{K}{4}\left(\dfrac{1}{p}+\dfrac{1}{l}\right)\rho_0^2} \quad (3.103)$$

$$- \frac{\pi\beta'\rho_0^2}{2}\, e^{-jK\left[\left(\frac{1}{p}-\frac{1}{l}\right)\frac{\rho_0^2}{4} + \delta\right]}\, \frac{\sin \dfrac{K}{4}\left(\dfrac{1}{p}-\dfrac{1}{l}\right)\rho_0^2}{\dfrac{K}{4}\left(\dfrac{1}{p}-\dfrac{1}{l}\right)\rho_0^2}\,.$$

---

* Siehe Abschnitt 5.1.

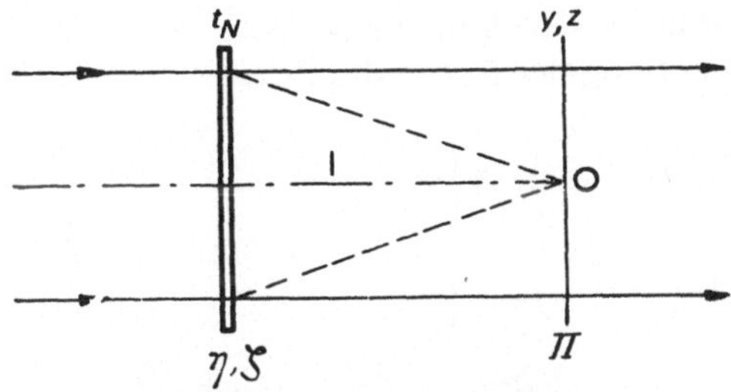

Fig. 3.23. Berechnung der Amplitude in einem Punkt y, z der Ebene π, beleuchtet von dem Zonengitter, das sich in t_N befindet

Der erste Term stellt die ebene Welle dar, die durch das Zonengitter hindurchgeht, ohne gebeugt zu werden. Dieser Term hat ein Maximum für $l = \infty$. Er entspricht der klassischen Beugungsfigur von AIRY. Entsprechend der Übereinkunft über die Vorzeichen ist p hier negativ; so ergibt der zweite Term das reelle Bild S'' für $l = -p$ und der dritte Term das virtuelle Bild S' für $l = p$ (Fig. 3.24).

Die beiden Bilder S' und S'' sind symmetrisch in bezug auf das Hologramm. Da die Bilder voneinander entfernt sind, können wir sie

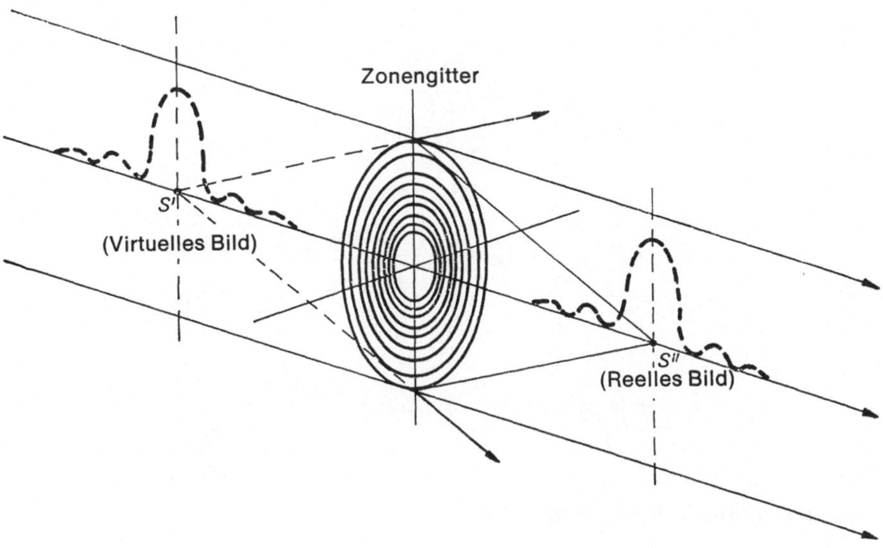

Fig. 3.24. Entstehung der beiden Bilder S' und S'', die von dem Zonengitter vom Typ $\cos^2 x^2$ hervorgerufen werden

getrennt behandeln und sagen, daß in der Umgebung des virtuellen Bildes S' die Intensitätsverteilung entlang der Achse durch:

$$I_{S'} = \left[\frac{\sin \dfrac{K}{4}\left(\dfrac{1}{p}-\dfrac{1}{l}\right)\rho_0^2}{\dfrac{K}{4}\left(\dfrac{1}{p}-\dfrac{1}{l}\right)\rho_0^2} \right]^2 \tag{3.104}$$

gegeben ist. Das gleiche gilt für die Intensität in der Umgebung des reellen Bildes:

$$I_{S'} = \left[\frac{\sin \dfrac{K}{4}\left(\dfrac{1}{p}+\dfrac{1}{l}\right)\rho_0^2}{\dfrac{K}{4}\left(\dfrac{1}{p}+\dfrac{1}{l}\right)\rho_0^2} \right]^2 . \tag{3.105}$$

Wenn wir das Hologramm mit einem Parallellichtbündel wie bei der Aufnahme beleuchten, aber mit einer anderen Wellenlänge λ', so müssen wir den Ausdruck (3.102) umschreiben in die Form:

$$f(0,0) = \pi \int_0^{\rho_0} \left\{ t_0 - \beta' \cos\left[K\left(\delta + \frac{\rho^2}{2p}\right)\right]\right\} e^{j\frac{K'}{2l}\rho^2}\, d\rho^2, \tag{3.106}$$

wobei:

$$K' = \frac{2\pi}{\lambda'}. \tag{3.107}$$

Wir finden demnach:

$$f(0,0) = \pi\, t_0\, \rho_0^2\, e^{j\frac{K'}{4l}\rho_0^2} \frac{\sin \dfrac{K'\rho_0^2}{4l}}{\dfrac{K'\rho_0^2}{4l}}$$

$$-\frac{\pi\,\beta'\,\rho_0^2}{2}\, e^{jK\left[\left(\frac{1}{p}+\frac{K'}{Kl}\right)\frac{\rho_0^2}{4}+\delta\right]} \frac{\sin \dfrac{K}{4}\left(\dfrac{1}{p}+\dfrac{K'}{Kl}\right)\rho_0^2}{\dfrac{K}{4}\left(\dfrac{1}{p}+\dfrac{K'}{Kl}\right)\rho_0^2} \tag{3.108}$$

$$-\frac{\pi\,\beta'\,\rho_0^2}{2}\, e^{-jK\left[\left(\frac{1}{p}-\frac{K'}{Kl}\right)\frac{\rho_0^2}{4}+\delta\right]} \frac{\sin \dfrac{K}{4}\left(\dfrac{1}{p}-\dfrac{K'}{Kl}\right)\rho_0^2}{\dfrac{K}{4}\left(\dfrac{1}{p}-\dfrac{K'}{Kl}\right)\rho_0^2}$$

für das virtuelle Bild (letzter Term):

$$l = p\,\frac{\lambda}{\lambda'}. \tag{3.109}$$

Das Bild nähert sich dem Hologramm, wenn die Rekonstruktionswellenlänge größer ist als die für die Aufnahme.

Wenn das Zonengitter nicht das von (3.90) angegebene Profil hat, können wir eine Reihenentwicklung vornehmen und das zu betrachtende Gitter auf eine Anzahl von Zonengittern, die (3.90) gehorchen, zurückführen. Zum Beispiel kann ein Gitter vom Soret-Typ, dessen Profil in Fig. 3.25 gezeigt ist, beschrieben werden durch:

$$E = a + \frac{2}{\pi} \left[\sin \pi a \cos b \rho^2 + \tfrac{1}{2} \sin 2\pi a \cdot \cos 2b \rho^2 + \cdots \right], \quad (3.110)$$

wo a und b zwei Konstanten sind, die das Gitter charakterisieren.

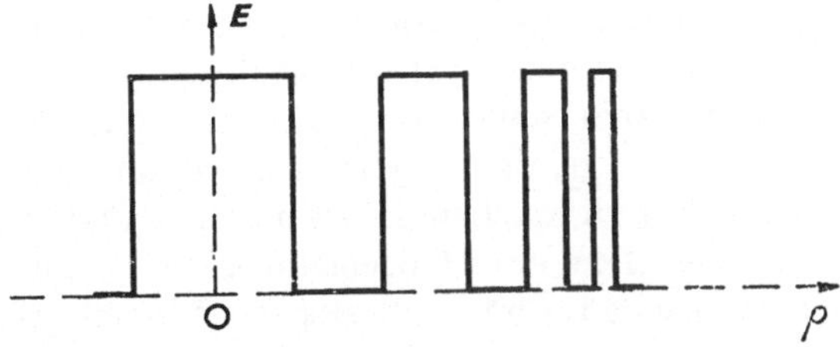

Fig. 3.25. Profil eines zirkulären Gitters nach SORET

Wenn wir für jeden Term die vorhergehende Berechnung ausführen, so finden wir eine unendliche Zahl von punktförmigen Bildern, wobei jeder Term zwei Bilder, wie z.B. S' und S'' auf der Fig. 3.24 hervorruft.

Im Falle der Holographie sind diese Bilder „parasitische" Bilder, und um sie auszumerzen, muß jeder Objektpunkt auf dem Hologramm ein Zonengitter mit nicht verschwindenden Minima ergeben, wie etwa das der Formel (3.93) entsprechende Gitter. Wir brauchen Interferenzen mit einem relativ schwachen Kontrast, die wir bekommen, wenn wir der kohärenten Welle, die direkt auf das Hologramm fällt, eine größere Amplitude geben als der von dem Objekt ausgehenden Amplitude.

Kapitel 4

Holographie mit dem Computer

4.1. Einleitung

Als eine natürliche Folge der Tatsache, daß die Photographie, auf der
das Hologramm aufgenommen ist, nur Schwärzungsunterschiede enthält, muß es möglich sein, künstlich solche Unterschiede zu erzeugen
und so ein Hologramm zu synthetisieren.

Die synthetischen Hologramme erlauben es, die Möglichkeiten der
klassischen Holographie zu verallgemeinern. Das Objekt, von dem ausgehend wir ein Hologramm herstellen, muß nicht notwendigerweise in
Wirklichkeit existieren. Wir können ein beliebiges Objekt durch Angabe
der Koordinaten und der Intensitäten seiner Punkte definieren; das
daraus erhaltene Hologramm erlaubt es, das Objekt, das wir uns vorstellen, in drei Dimensionen sichtbar zu machen. Es ist möglich, mathematische Figuren räumlich darzustellen, oder Gegenstände, die gerade
hergestellt werden, sichtbar zu machen, ohne daß erst ein Modell ge-
fertigt werden muß.

Auf anderen Gebieten können die synthetischen Hologramme Wellenflächen von vorgegebener Form rekonstruieren, wie z.B. asphärische
Wellenflächen, die als Testobjekte für die Untersuchung von optischen
Instrumenten mit Hilfe von Interferenzen dienen können. Sie erlauben
ferner neue Lösungen für die Probleme des optischen Filterns, der In-
formationsspeicherung und generell für die optische Informationsverarbeitung.

Die Operationen sind die folgenden:

1) Wir kennen das Objekt, von dem wir das Hologramm herstellen
wollen, und berechnen die komplexe Amplitude, die es in einer Ebene,
die in einer bestimmten Entfernung gelegen ist, erzeugt. Diese Ebene ist
die Ebene des Hologramms. Die Berechnungen werden mit dem Computer ausgeführt.

2) Die so berechnete komplexe Amplitude wird mit dem Computer
so kodiert, daß sie in eine reelle und positive Funktion transformiert wird.
Der Computer fügt z.B. zu der von dem Objekt ausgehenden komplexen
Amplitude eine beliebige komplexe Amplitude hinzu, die die Rolle des
kohärenten Untergrundes übernimmt. Die resultierende Intensität ist,
in diesem Fall, die reelle und positive Funktion.

3) Ein entsprechendes, an den Computer angeschlossenes System, erlaubt eine Aufzeichnung der Verteilung der Werte dieser Funktion in einer Ebene. Dies System kann ein Drucker, eine Katodenstrahlröhre oder etwas ähnliches sein.

4) Die so erhaltene Aufzeichnung wird photographiert, und das Negativ ist das synthetische Hologramm. Damit das Hologramm das Licht gut beugt, muß es eine ausreichend feine Struktur haben, und es ist im allgemeinen notwendig, die Aufzeichnung stark verkleinert zu photographieren.

Die von dem Objekt ausgehende komplexe Amplitude in der Ebene des Hologramms kann von dem Computer in verschiedener Weise kodiert werden:

a) Mit einem binären System, in dem wir uns nur der Position und der Dimensionen kleiner schwarzer und weißer Signale bedienen, um die Amplitude und die Phase der Objektwelle in der Ebene des Hologramms darzustellen. Wir erhalten so eine Struktur, die der eines experimentellen Hologramms nicht ähnlich ist, die aber praktisch die gleiche Beugung verursacht.

b) Durch Hinzufügen einer beliebigen komplexen Amplitude (kohärenter Untergrund) zu der von dem Objekt ausgehenden komplexen Amplitude. Der Computer berechnet die resultierende Intensität, deren Variationen die Struktur des Hologramms darstellen. Der Vorgang ist der gleiche wie im Fall des wirklichen Versuchs.

c) Durch Multiplikation der Phase der von dem Objekt ausgehenden Welle in der Ebene des Hologramms mit einer Funktion, die die Phase bei jedem Durchgang durch den Wert 2π auf Null reduziert. Ein solches Profil kann praktisch, von der Berechnung des Computers ausgehend, erstellt werden, und das in dieser Weise erzeugte Hologramm ergibt nur ein einziges Bild des Objektes. Ein Hologramm dieses Typs wird „kinoform" genannt.

Die Kapazität der Computer ist nicht unbegrenzt, und die vorhergehenden Berechnungen können nur für eine endliche Anzahl von Punkten durchgeführt werden. Die Operationen werden deshalb digitalisiert. Das Objekt ist durch Koordinaten einer gegebenen Anzahl von Punkten und der Amplituden, die von ihnen ausgehen, bestimmt. Die Berechnung der komplexen Amplitude in der Ebene des Hologramms wird ebenfalls für eine endliche Anzahl von Punkten durchgeführt. Diese Anzahl ist zumindest gleich der Anzahl der Objektpunkte. Nehmen wir als Beispiel ein Fourier-Hologramm; das Objekt, ein Spektrum des Hologramms, ist ein Objekt von endlichen Dimensionen. Wir haben deshalb ein endliches Spektrum, und die komplexe Amplitude in der Ebene des Hologramms muß sich in genau der gleichen Weise, von diskreten Werten ausgehend, die sich über eine Anordnung von äquidistanten Punkten verteilen, berechnen lassen. Die komplexe Amplitude in beliebigen anderen Punkten kann dann über eine sehr einfache Interpolationsformel erhalten werden. Wir können schließlich drei prinzipielle Typen von synthetischen Hologrammen unterscheiden: die binären Hologramme, die Hologramme mit mehreren Intensitätsstufen und die sog. „kinoformen" Hologramme. Die beiden folgenden Tafeln fassen die Folge der Operationen für die ersten beiden Fälle zusammen. Aus Gründen der Einfachheit haben wir das sehr leichte Beispiel eines Punktobjektes gewählt.

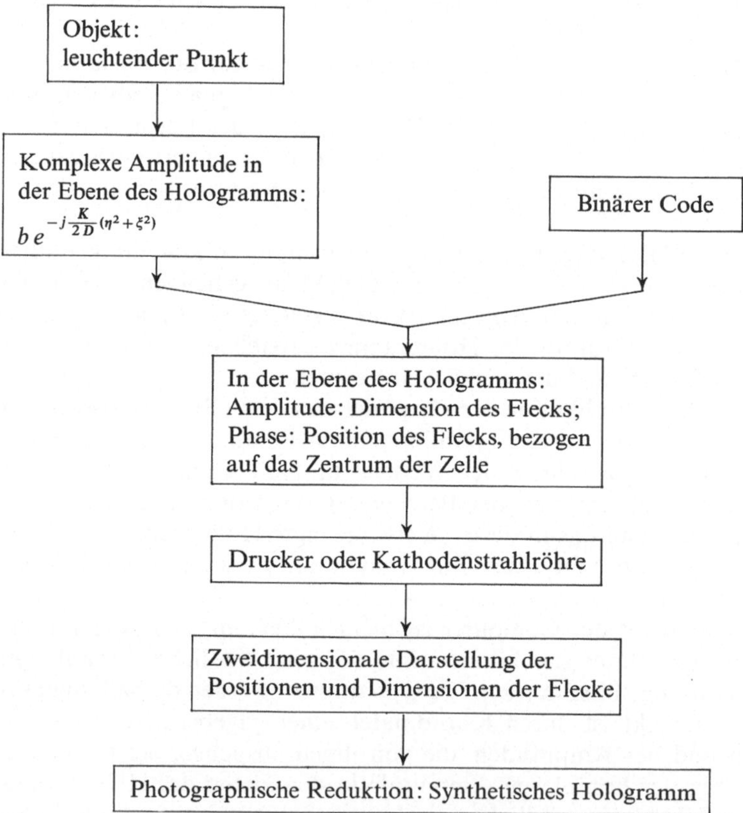

$$b\,e^{-j\frac{K}{2D}(\eta^2+\xi^2)}$$

4.2. Binäre Hologramme des Fourier-Typs

Als Beispiel der Synthese eines Hologramms mit einem Computer geben wir das Prinzip der binären Hologramme an. Dies ist ein interessantes

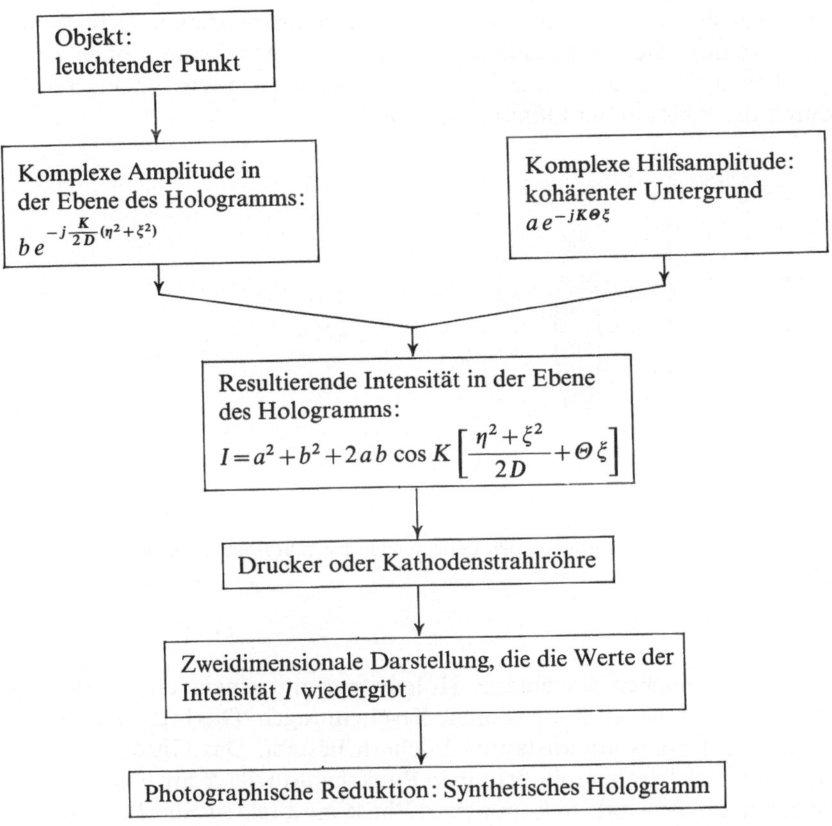

Beispiel, da es die grundlegenden Begriffe der Interferenzen und der Beugung zur Anwendung bringt.

In einem gewöhnlichen Hologramm werden die Phasen mit Hilfe eines kohärenten Untergrundes aufgezeichnet. Es kommt in der Ebene des Hologramms zu Interferenzen zwischen den vom Objekt und den von der kohärenten Quelle ausgehenden Lichtwellen. Die Phasenveränderungen der von dem Objekt ausgehenden Lichtwelle werden in Intensitätsschwankungen umgewandelt, die ihrerseits von der photographischen Platte aufgezeichnet werden. Die kontinuierlichen Intensitätsänderungen können nicht mechanisch reproduziert werden, aber wir können sie durch eine große Anzahl sehr kleiner Elemente ersetzen, deren jedes eine bestimmte Position und bestimmte Dimensionen haben. Nach der Entwicklung der photographischen Platte wirkt das binäre Hologramm wie ein undurchsichtiger Schirm, der von einer großen Anzahl kleiner Öffnungen von bestimmten Positionen und Dimensionen durchsetzt ist. Natürlich können wir annehmen, daß in einem kleinen Bereich des Hologramms die Amplitude proportional zu den Dimensionen einer gegebenen Öffnung ist. Die Phase ist dagegen, wie wir sehen werden, durch die Position der Öffnung bestimmt.

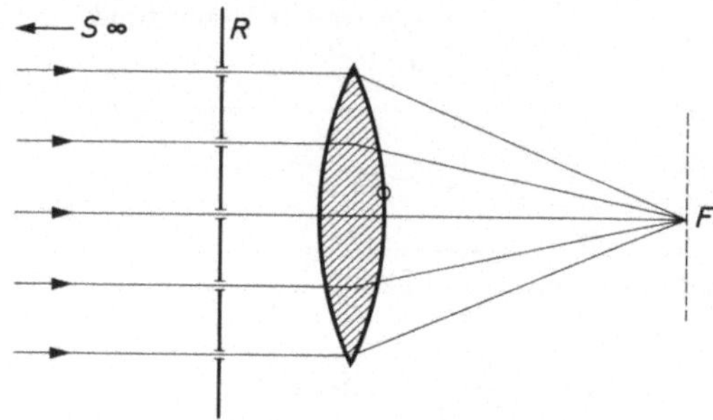

Fig. 4.1. Die optischen Wege von den Gitterspalten bis zum Brennpunkt *F* sind einander gleich

Wir vergleichen ein binäres Hologramm mit einem Gitter und betrachten zunächst eindimensionale Erscheinungen. Die Fig. 4.1 zeigt ein Gitter, *R*, das aus äquidistanten Löchern besteht. Das Gitter wird von einem Parallelstrahlenbündel einer Punktlichtquelle *S* im Unendlichen beleuchtet. Alle Strahlen kommen in Phase im direkten Bild *F* im Brennpunkt des Objektivs *O* an. Es ändert sich nichts, wenn die Löcher nicht mehr gleiche Abstände voneinander haben (Fig. 4.2): alle Strahlen kommen immer noch in Phase in F an. Das ist nicht mehr der Fall, wenn wir

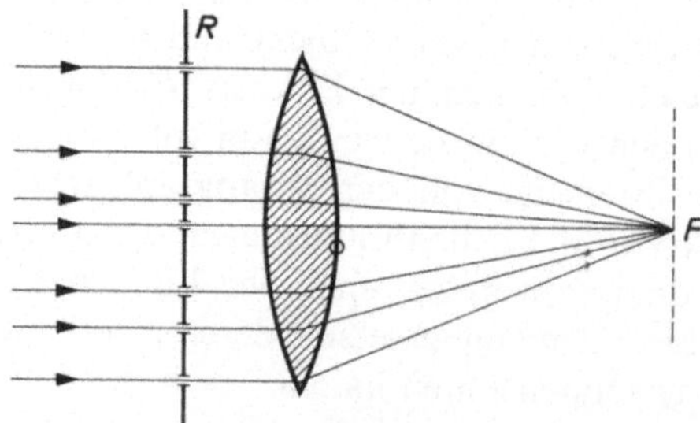

Fig. 4.2. Auch wenn die Spalten nicht gleiche Abstände voneinander haben, sind die optischen Wege von den Spalten bis zum Brennpunkt *F* einander gleich

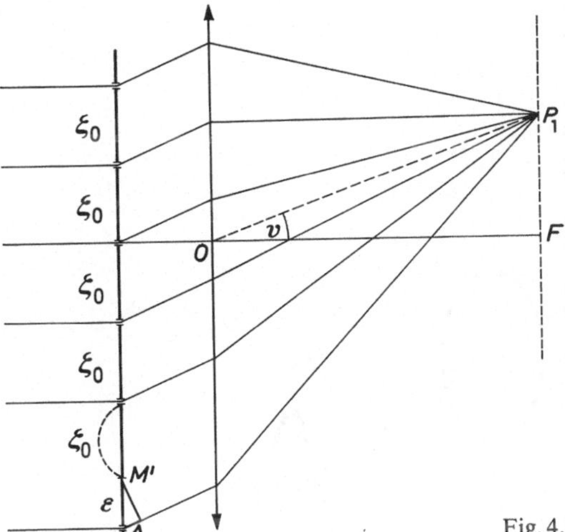

Fig. 4.3. Eine Versetzung ε erzeugt einen Gangunterschied $\varDelta$ für das Spektrum P_1

betrachten, was sich in der Umgebung eines Spektrums abspielt, z. B. in der Nähe des Spektrums 1. Ordnung P_1 (Fig. 4.3). Wenn ξ_0 die Gitterkonstante der Löcher ist, die das Gitter bilden, dann haben wir in der Richtung v, die dem Spektrum der 1. Ordnung entspricht:

$$v\,\xi_0 = \lambda. \tag{4.1}$$

M sei ein Loch, das um den Betrag ε aus der Lage M', die dem Gitter zugehört, verschoben ist. Der von M gebeugte Strahl, der in P_1 eintrifft, hat im Verhältnis zu den anderen Strahlen den Gangunterschied $\varDelta = v\,\varepsilon$, oder, nach (4.1):

$$\varDelta = \varepsilon\,\frac{\lambda}{\xi_0}. \tag{4.2}$$

Jede Verschiebung ε eines Loches, bezogen auf seine theoretische Lage, erzeugt einen Gangunterschied $\varepsilon\,\lambda/\xi_0$ und einen Phasenunterschied $\varphi = 2\,\pi\,\varepsilon/\xi_0$. Dieses Prinzip wird angewandt, um die Phasenunterschiede in einem binären Hologramm aufzuzeichnen.

Betrachten wir ein beliebiges Objekt: z. B. den Buchstaben A (Fig. 4.4). Das Objekt wird digitalisiert, d. h., die durchgehenden Linien des Buchstabens A werden durch eine Anzahl von genügend nah aufeinanderfolgenden Punkten ersetzt, um dem Auge den Eindruck der Kontinuität zu geben. Der Computer berechnet die Fouriertransformierte des in der Ebene $c\,\eta\,\xi$ gelegenen Objektes. Diese Fouriertransformierte Funktion ist selbst digitalisiert. Die Transformierte selbst wird für eine Anzahl von Punkten berechnet, die zumindest der Anzahl der Objektpunkte gleich ist. Darauf wird die Ebene $c\,\eta\,\xi$ in eine Anzahl von ebensovielen quadra-

117

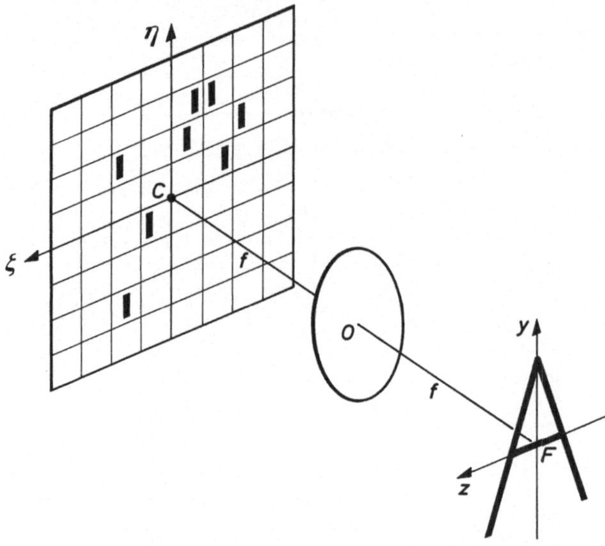

Fig. 4.4. Das binäre Fourier-Hologramm des Buchstabens A

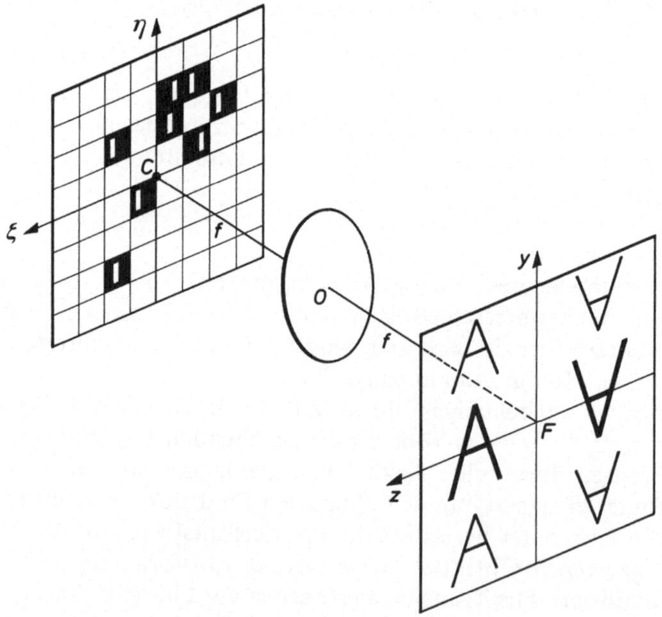

Fig. 4.5. Rekonstruktion der Bilder mit Hilfe des binären Fourier-Hologrammes

tischen Zellen eingeteilt, wie die Anzahl der Punkte, wo die Fourier-transformierte des Objekts berechnet wird. Jede Zelle enthält ein kleines schwarzes Rechteck auf weißem Hintergrund. Die Dimensionen des Rechtecks bestimmen die Amplitude in dem betrachteten Punkt, während die Phase durch Verschieben des kleinen schwarzen Rechtecks, bezogen auf die Mitte der Zelle, erhalten wird. Diese gesamte Anordnung von kleinen schwarzen Rechtecken wird von einem Computer-gesteuerten Drucker gedruckt. Der Drucker kann durch eine Katodenstrahlröhre ersetzt werden, auf deren Schirm die graphische Darstellung erscheint. Diese wird photographiert, und nach der Entwicklung erscheint das binäre Hologramm wie ein undurchsichtiger Schirm, der von einer großen Zahl kleiner rechtwinkliger Öffnungen durchbohrt ist, die an die Stelle der kleinen schwarzen Rechtecke getreten sind. Das auf diese Weise hergestellte Hologramm wird mit einem normal einfallenden parallelen Lichtbündel beleuchtet (Fig. 4.5). In der Richtung der einfallenden Strahlen, d.h. in F, hat die Versetzung der Öffnungen keinerlei Wirkung, und wir beobachten in F ein Bild der Punktlichtquelle. Dies gilt nicht mehr in der Richtung des Spektrums 1. Ordnung $v = \lambda/\xi_0$, das der Gitterkonstanten ξ_0 der Zellen entspricht. Das Spektrum 1. Ordnung rekonstruiert so ein Bild des Objekts ebenso wie übrigens das symmetrische Spektrum.

Aus der gegebenen binären Struktur des Hologramms rekonstruieren wir ferner noch andere Bilder, die den Spektren höherer Ordnung entsprechen, so wie die punktiert auf Fig. 4.5 gezeigten. Wir können feststellen, daß der binäre Charakter des Hologramms jede Schwierigkeit in bezug auf die Linearität der Emulsionen beseitigt.

4.3. Hologramme in mehreren Graustufen. Kinoforme

Wenn der Computer die von dem Objekt in der Ebene des Hologramms hervorgerufene komplexe Amplitude berechnet hat, kann er eine komplexe Hilfsamplitude hinzufügen, die die Rolle des kohärenten Bündels übernimmt. Der Computer berechnet die resultierende Intensität, deren Variationen mit einem Drucker oder mit einer Katodenstrahlröhre wiedergegeben werden können. Die Darstellung nähert sich um so mehr der Struktur eines wirklichen Hologramms, als die Zahl der Graustufen größer wird. Die Photographie der graphischen Darstellung ergibt das Hologramm.

In allen Hologrammen werden zwei Bilder des Objekts rekonstruiert: ein reelles und ein virtuelles. Die „kinoform" genannten Hologramme rekonstruieren nur ein einziges Bild des Objekts und sind deshalb von Interesse, weil der gesamte Lichtfluß in diesem Bild konzentriert ist.

Wir haben früher von Phasen-Hologrammen gesprochen. Stellen wir uns vor, daß wir durch den Computer eine Darstellung mit verschiedenen Schwärzungsgraden bewirken, so daß nach einer Ausbleichung das Profil der Emulsion dem einer Fresnellinse entspricht (Fig. 4.6). Dies ist eine flache Linse, deren Dickenunterschiede als Phasenunterschiede zwischen O und 2π erscheinen. Eine solche Linse kann als das Hologramm eines Punktobjekts aufgefaßt werden. Wenn wir mit einem Parallelstrahlenbündel beleuchten, erhalten wir offensichtlich ein einziges Bild der Lichtquelle in F. Wir können dies für ein beliebiges Objekt verallgemeinern: das auf diese Weise erhaltene, sog. „kinoforme" Hologramm wirkt wie eine Anordnung von Fresnellinsen und rekonstruiert nur ein einziges reelles oder virtuelles Bild des Objekts.

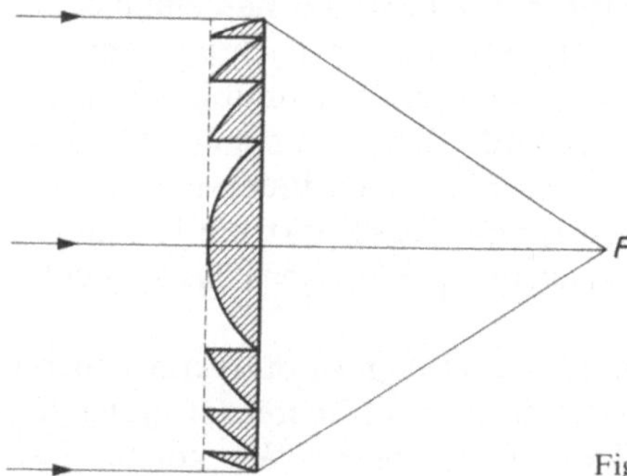

Fig. 4.6. Die Fresnel-Linse

Kapitel 5

Optisches Filtern und Formenerkennung

5.1. Die Fresnel-Kirchhoffsche Gleichung*

Bei der Untersuchung von Beugungserscheinungen treffen wir häufig auf
das folgende Problem (Fig. 5.1): wenn die komplexe Verteilung der Amplituden $F(\eta, \xi)$ im Inneren einer Öffnung T, die sich in einer Ebene A befindet, bekannt ist, so soll die Verteilung der Amplituden in einer Ebene B,

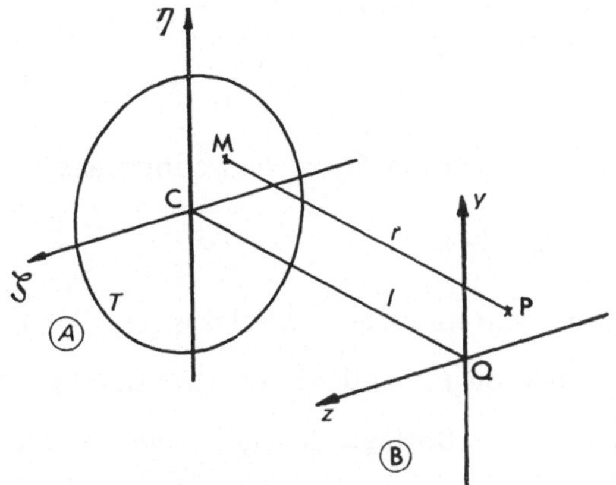

Fig. 5.1. Berechnung der Amplitude in P, die durch eine Öffnung T
verursacht wird

die die Entfernung l von A hat, berechnet werden. Die Fresnel-Kirchhoffsche Gleichung erlaubt die Lösung dieses Problems. Es sei λ die
Wellenlänge des verwendeten Lichts und r der Abstand eines Punktes
$M(\eta, \xi)$ von A zu einem Punkte $P(y, z)$ von B. Die Amplitude $f(y, z)$
in P ist:

$$f(y, z) = \frac{1}{j\lambda} \iint_T F(\eta, \xi) \frac{e^{jKr}}{r}\, d\eta\, d\xi, \qquad (5.1)$$

---

* Literaturverzeichnis 14, 107.

wobei T die freie Öffnung in der Ebene A ist. Wir nehmen an, daß die Öffnung T klein ist im Verhältnis zu der Entfernung l. Durch Reihenentwicklung finden wir:

$$r = \sqrt{l^2 + (y-\eta)^2 + (z-\xi)^2} \simeq l\left[1 + \frac{1}{2}\left(\frac{y-\eta}{l}\right)^2 + \frac{1}{2}\left(\frac{z-\xi}{l}\right)^2\right], \quad (5.2)$$

woraus für die Amplitude in P folgt:

$$f(y,z) = \frac{e^{jKl}}{j\lambda l} \iint_T F(\eta,\xi)\, e^{j\frac{K}{2l}[(y-\eta)^2 + (z-\xi)^2]} \, d\eta\, d\xi, \quad (5.3)$$

da r durch l in dem Nenner von (5.1) ersetzt werden kann. Die Amplitude $f(y,z)$ wird als eine Konvolution zweier Funktionen angesehen, und wir schreiben symbolisch:

$$f(y,z) = \frac{e^{jKl}}{j\lambda l} F(y,z) \otimes e^{j\frac{K}{2l}(y^2+z^2)}. \quad (5.4)$$

Wenn wir zu dem Ausdruck (5.3) zurückkehren und wenn $F(\eta,\xi)$ außerhalb der Öffnung T identisch Null ist, so haben wir:

$$f(y,z) = \frac{e^{jKl}}{j\lambda l}\, e^{j\frac{K}{2l}(y^2+z^2)} \int\limits_{-\infty}^{+\infty}\!\!\int F(\eta,\xi)\, e^{j\frac{K}{2l}(\eta^2+\xi^2)}\, e^{-j\frac{K}{l}(y\eta+z\xi)}\, d\eta\, d\xi. \quad (5.5)$$

In dieser Form sehen wir, daß die Funktion $f(y,z)$ die Fouriertransformierte von

$$F(\eta,\xi)\, e^{j\frac{K}{2l}(\eta^2+\xi^2)}$$

ist, wenn wir den Faktor vor dem Integral vernachlässigen. Wenn $l \gg \dfrac{K(\eta^2+\xi^2)}{2}$, dann ist die Funktion $f(y,z)$ die Fouriertransformierte von $F(\eta,\xi)$, und wir befinden uns in den Bedingungen für Fraunhofersche Beugung:

$$f(y,z) = \mathscr{A} \int\limits_{-\infty}^{+\infty}\!\!\int F(\eta,\xi)\, e^{-j\frac{K}{l}(y\eta+z\xi)}\, d\eta\, d\xi. \quad (5.6)$$

5.2. Die Phasenverschiebung einer Welle beim Durchgang durch eine dünne Linse *

Wir betrachten eine Linse der Dicke e_0 in der Mitte (Fig. 5.2) und der Dicke e in einer beliebigen Entfernung h vom Zentrum. Wenn n der Brechungsindex der Linse ist, dann ist der optische Weg, der von einem

---

* Literaturverzeichnis 107.

Die Phasenverschiebung einer Welle beim Durchgang durch eine dünne Linse

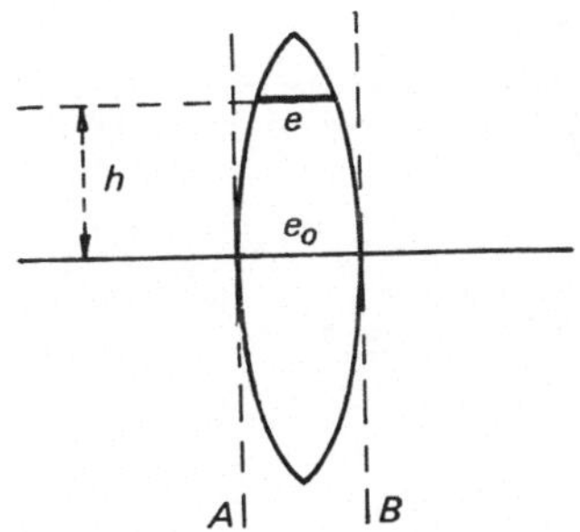

Fig. 5.2. Phasenverschiebung beim Durchgang durch eine dünne Linse

Strahl, der entlang der Achse durch die Linse geht, gleich $n\,e_0$. Da wir eine dünne Linse betrachten, bedeutet dies, daß wir die Verschiebung eines beliebigen Strahls zwischen den beiden Ebenen A und B vernachlässigen. Die Koordinaten des Schnittpunktes eines Strahles mit den Ebenen A und B sind praktisch gleich (Fig. 5.3). Ein achsenparalleler

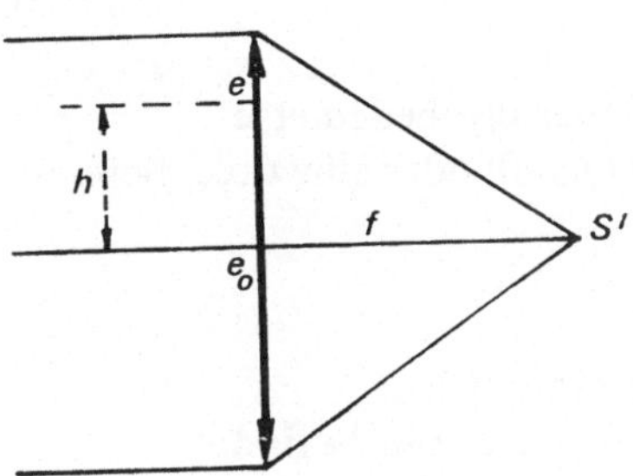

Fig. 5.3. Fall, für den die dünne Linse von einer ebenen Welle bestrahlt wird

Strahl, der sich in der Entfernung h von der Achse fortpflanzt, legt einen optischen Weg $n\,e+e_0-e$ zurück, und infolgedessen bewirkt die dünne Linse eine Phasenverschiebung:

$$\varphi = K\left[n\,e+(e_0-e)\right].\qquad(5.7)$$

Wenn $F(\eta,\xi)$ die Amplitude der einfallenden Welle gerade vor der Linse (in A auf der Fig. 5.2) ist, dann beträgt die Amplitude $F'(\eta,\xi)$ direkt nach der Linse (in B):

$$F'(\eta,\xi) = F(\eta,\xi)\,e^{jKe_0}\,e^{jK(n-1)e}.\qquad(5.8)$$

Eine klassische Berechnung erlaubt es, e als eine Funktion von e_0, den Krümmungsradien R_1 und R_2 der beiden Linsenflächen und der Koordinaten η,ξ des Linsenpunktes von der Dicke e auszudrücken.

Wir haben:

$$e = e_0 - \frac{\eta^2 + \xi^2}{2} \left(\frac{1}{R_1} - \frac{1}{R_2} \right), \tag{5.9}$$

und wir können (5.8) schreiben:

$$F'(\eta, \xi) = F(\eta, \xi)\, e^{jKe_0}\, e^{jK(n-1)\left[e_0 - \frac{\eta^2+\xi^2}{2}\left(\frac{1}{R_1}-\frac{1}{R_2}\right)\right]}, \tag{5.10}$$

oder wenn f die Brennweite der Linse ist:

$$\frac{1}{f} = (n-1)\left(\frac{1}{R_1} - \frac{1}{R_2} \right), \tag{5.11}$$

und wir haben:

$$F'(\eta, \xi) = F(\eta, \xi)\, e^{jKne_0}\, e^{-j\frac{K}{2f}(\eta^2 + \xi^2)}. \tag{5.12}$$

Wenn die Linse eine ebene Welle empfängt, wie in Fig. 5.3 gezeigt wird, dann ist $F(\eta, \xi)$ gleich einer Konstanten und die Wirkung der Linse wird durch den Ausdruck:

$$F'(\eta, \xi) = e^{jKne_0}\, e^{-j\frac{K}{2f}(\eta^2 + \xi^2)} \tag{5.13}$$

wiedergegeben. In der betrachteten Annäherung bedeutet $e^{-j\frac{K}{2f}(\eta^2 + \xi^2)}$ eine konvergierende sphärische Welle für ($f > 0$) oder eine divergierende sphärische Welle für ($f < 0$).

5.3. Die Amplitude in der Brennebene einer Linse, wenn sich ein beugendes Objekt an der Linse befindet

Das Objekt ist positioniert, wie in Fig. 5.4 gezeigt ist.

Die von dem Objekt durchgelassene Amplitude ist $F(\eta, \xi)$.

Nach (5.12) ist die Amplitude unmittelbar hinter der Linse, wenn wir den Faktor e^{jKne_0} vernachlässigen:

$$F'(\eta, \xi) = F(\eta, \xi)\, e^{-j\frac{K}{2f}(\eta^2 + \xi^2)}. \tag{5.14}$$

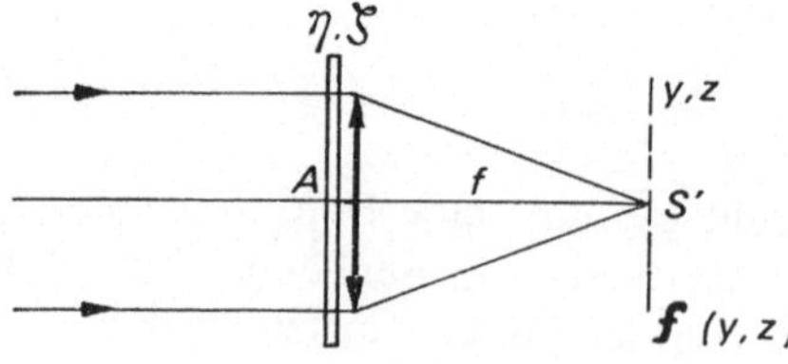

Fig. 5.4. Fouriertransformierte des Objekts A, wenn dieses sich an der Linse befindet

Um die Amplitude $f(y, z)$ in der Brennebene, die sich in der Entfernung f von der Ebene mit der Amplitude $F'(\eta, \xi)$ befindet, zu erhalten, genügt es, die Fresnel-Kirchhoffsche Gleichung anzuwenden (5.5). Wir nehmen an, daß das Objekt kleiner ist als die Linse, und berücksichtigen nicht die endlichen Dimensionen der Linse. Bei Anwendung von (5.14) erhalten wir:

$$f(y, z) = \frac{e^{jKf}\, e^{j\frac{K}{2f}(y^2 + z^2)}}{j\lambda f} \int\limits_{-\infty}^{+\infty}\!\!\!\int F(\eta, \xi)\, e^{-j\frac{K}{f}(y\eta + z\xi)}\, d\eta\, d\xi. \tag{5.15}$$

Bis auf einen Faktor $e^{j\frac{K}{2f}(y^2 + z^2)}$ stellt dieser Ausdruck die Fouriertransformierte von $F(\eta, \xi)$ dar. Dies ist also in Wirklichkeit die Amplitude auf einer Kugel vom Radius f, der in S' die Brennebene berührt, die die Fouriertransformierte von $F(\eta, \xi)$ darstellt. Wir weisen darauf hin, daß wir uns, außer in der Holographie, im allgemeinen bei Beugungsproblemen nur für die Intensität interessieren und daß deshalb der Phasenfaktor vor dem Integral verschwindet.

5.4. Das beugende Objekt befindet sich in der Entfernung d von der Linse

Es sei $F_0(\eta_0, \xi_0)$ die von dem beugenden Objekt durchgelassene Amplitude (Fig. 5.5). Die Amplitude $F(\eta, \xi)$ unmittelbar vor der dünnen Linse wird durch die Fresnel-Kirchhoffsche Gleichung wiedergegeben (5.3), die sich hier schreibt:

$$F(\eta, \xi) = \frac{e^{jKd}}{j\lambda d} \int\limits_{-\infty}^{+\infty}\!\!\!\int F_0(\eta_0, \xi_0)\, e^{j\frac{K}{2d}[(\eta - \eta_0)^2 + (\xi - \xi_0)^2]}\, d\eta_0\, d\xi_0. \tag{5.16}$$

Wie im vorhergehenden, berücksichtigen wir nicht die endlichen Dimensionen der Linse.

In symbolischer Form haben wir (5.4):

$$F(\eta, \xi) = F_0(\eta, \xi) \otimes e^{j\frac{K}{2d}(\eta^2 + \xi^2)}. \tag{5.17}$$

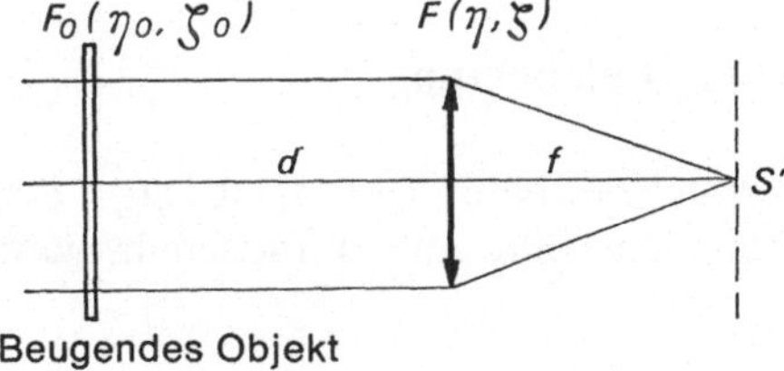

Fig. 5.5. Fall, für den das Objekt eine beliebige Entfernung d von der Linse hat

Wenn wir nun $\dfrac{e^{jKd}}{j\lambda d}$ vernachlässigen, was als Faktor in allen Rechnungen auftritt, so finden wir schließlich (wobei F.T. die Fouriertransformierte bedeutet):

$$\text{F.T.}\,[F(\eta,\xi)]=\text{F.T.}\,[F_0(\eta,\xi)]\times\text{F.T.}\,\Big[e^{\,j\frac{K}{2d}(\eta^2+\xi^2)}\Big] \tag{5.18}$$

oder nach (5.15):

$$\text{F.T.}\,[F(\eta,\xi)]=\iint\limits_{-\infty}^{+\infty}F(\eta,\xi)\,e^{-j\frac{K}{f}(y\eta+z\xi)}\,d\eta\,d\xi. \tag{5.19}$$

Die Amplitude $f(y,z)$ in der Brennebene der Linse schreibt sich jetzt, unter Zuhilfenahme von (5.15), (5.18) und (5.19):

$$f(y,z)=\dfrac{e^{\,j\frac{K}{2f}(y^2+z^2)}}{j\lambda f}\times\text{F.T.}\,[F_0(\eta,\xi)]\times\text{F.T.}\,\Big[e^{\,j\frac{K}{2d}(\eta^2+\xi^2)}\Big]. \tag{5.20}$$

Wir setzen nun:

$$u=\dfrac{y}{f};\quad v=\dfrac{z}{f} \tag{5.21}$$

und haben, bis auf eine Konstante:

$$\text{F.T.}\,\Big[e^{\,j\frac{K}{2d}(\eta^2+\xi^2)}\Big]=e^{-j\frac{K}{2d}(u^2+v^2)}=e^{-j\frac{Kd}{2f^2}(y^2+z^2)}, \tag{5.22}$$

woraus folgt:

$$f(y,z)=\dfrac{e^{\,j\frac{K}{2f}\left(1-\frac{d}{f}\right)(y^2+z^2)}}{j\lambda f}\times\text{F.T.}\,[F_0(\eta,\xi)] \tag{5.23}$$

und nach (5.19):

$$f(y,z)=\dfrac{e^{\,j\frac{K}{2f}\left(1-\frac{d}{f}\right)(y^2+z^2)}}{j\lambda f}\iint\limits_{-\infty}^{+\infty}F_0(\eta_0,\xi_0)\,e^{-j\frac{K}{f}(y\eta_0+z\xi_0)}\,d\eta_0\,d\xi_0. \tag{5.24}$$

Dieser Ausdruck zeigt, daß, wenn sich das Objekt im Brennpunkt der Linse befindet ($d=f$), die Amplitude $f(y,z)$ genau die Fouriertransformierte des Objektes $F_0(\eta_0,\xi_0)$ ist.

5.5. Optisches Filtern in kohärenter Beleuchtung*

Die Fig. 5.6 zeigt den klassischen Versuchsaufbau. Das Objekt $F_0(\eta_0,\xi_0)$, z.B. eine photographische Platte mit dem Bild einer Landschaft, wird

---

* Literaturhinweise siehe Abschnitt 2.20.

126

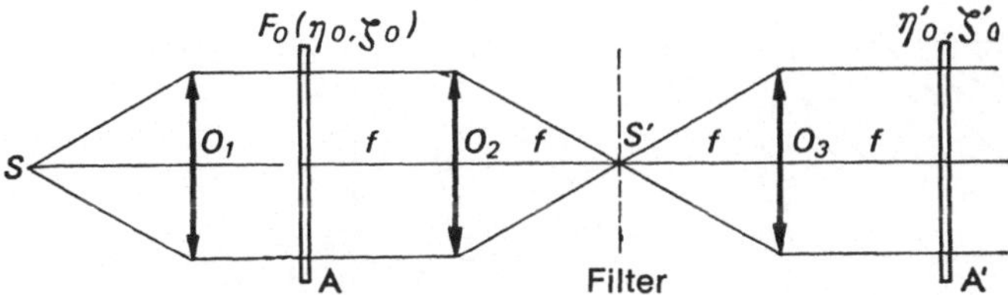

Fig. 5.6. Experimenteller Aufbau für das optische Filtern

mit einem parallelen Bündel monochromatischen Lichtes beleuchtet. Wenn sich das Objekt $F_0(\eta_0, \xi_0)$ in einer Entfernung von der Linse O_2 befindet, die gleich der Brennweite dieser Linse ist, dann ist die Fouriertransformierte des Objektes in der Brennebene von O_2. Diese Fouriertransformierte ist nichts anderes als die Beugungserscheinung, die von dem beugenden Schirm, den die photographische Platte darstellt, hervorgerufen wird. Wir bringen in die Brennebene von O_2 ein Filter, das die Unterteilung der komplexen Amplituden in dieser Ebene modifizieren soll. Dieses Filter kann z.B. ein einfacher kleiner, undurchsichtiger Schirm sein, der das gebeugte Licht in Achsennähe abfangen soll. Nun entspricht das gebeugte Licht in der Nähe der Achse den großen Objekteinzelheiten (Details niederer Frequenz). Der Schirm läßt also das gebeugte achsenferne Licht durch, d.h. das von den kleinen Objekteinzelheiten gebeugte Licht (Details hoher Frequenz). Wenn ein drittes Objektiv O_3 in A' ein Bild von A formt, so werden die großen Einzelheiten nicht wiedergegeben, und dies wiederum bewirkt eine Hervorhebung der feinen Details und gibt so den Eindruck einer Schärfenverbesserung der Photographie. Wir haben hier nur ein Beispiel gegeben, aber die optische Filterung bietet viele Möglichkeiten durch Veränderung der Filter. Das soeben besprochene Filter ist ein einfaches Amplitudenfilter. Für bestimmte Anwendungen, wie z.B. für die Erkennung von Formen, die wir weiter unten besprechen werden, werden Filter verwendet, die gleichzeitig Amplitude und Phase aufzunehmen gestatten. Diese Filter sind echte Hologramme und wir werden an einem Beispiel zeigen, wie sie hergestellt werden können.

5.6. Das dem Signal angepaßte Filter *

Das Problem, das sich uns jetzt stellt, ist das folgende: die Fouriertransformierte eines bestimmten Objektes, das wir Signal nennen wollen,

---

* Literaturverzeichnis 321, 322.

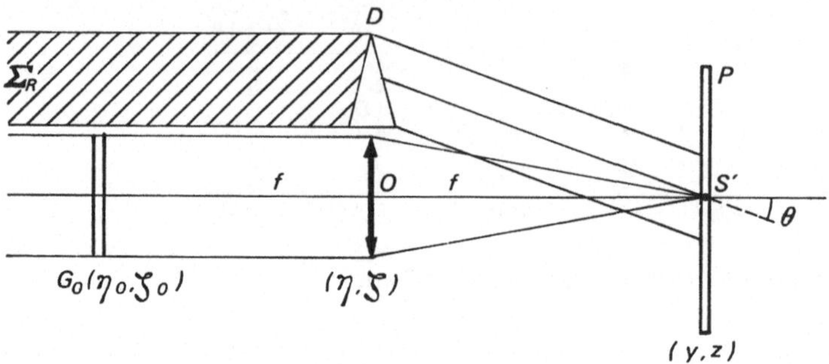

Fig. 5.7. Aufnahme des Hologramms eines Signals $G_0(\eta_0, \xi_0)$ (VAN DER LUGT)

in Amplitude und Phase zu registrieren. Der in Fig. 5.7 gezeigte Aufbau (nach VAN DER LUGT) ermöglicht es uns, ein solches Filter herzustellen. Es sei $G_0(\eta_0, \xi_0)$ das Signal, dessen Fouriertransformierte zu registrieren ist, d. h. die Beugungserscheinung im Unendlichen. In der Brennebene P des Objektivs O ist diese Fouriertransformierte durch eine Funktion $g(y, z)$ gegeben. Das einfallende Bündel überdeckt nicht nur das Objektiv O, sondern auch ein Prisma D, das Licht in einer solchen Weise ablenkt, daß die Ebene P eine ebene, kohärente Welle Σ_R empfängt, die mit dem von dem Objektiv O stammenden Licht interferiert. Wenn wir in P eine photographische Platte aufstellen, so haben wir die Anordnung für die Aufnahme eines Hologramms. Wir bezeichnen die Position eines beliebigen Punktes P durch die zwei Koordinaten $S'y$ und $S'z$. Die Achse $S'y$ ist senkrecht zur Figurenebene, während $S'z$ in der Figurenebene liegt. Wenn die brechende Kante des Prismas D senkrecht zur Zeichnungsebene ist, dann schreibt sich die durch die kohärente Welle Σ_R in der Ebene P hervorgerufene Amplitude:

$$a(y, z) = a_0\, e^{jK\theta z}. \tag{5.25}$$

Die von der Platte P empfangene Beleuchtung ist also:

$$E = (a + g)(a^* + g^*) = |a|^2 + |g|^2 + a^* g + a g^* \tag{5.26}$$

oder nach (5.25)

$$E = a_0^2 + |g|^2 + a_0\, g(y, z)\, e^{-jK\theta z} + a_0\, g^*(y, z)\, e^{jK\theta z} \tag{5.27}$$

Nach der Entwicklung kann die durchgelassene Amplitude t_N in die Form gebracht werden:

$$t_N = t_0 - \beta' \{|g|^2 + a_0\, g(y, z)\, e^{-jK\theta z} + a_0\, g^*(y, z)\, e^{jK\theta z}\}. \tag{5.28}$$

Der dritte Term dieses Ausdrucks entspricht, bis auf den Faktor $e^{-jK\theta z}$, einer Amplituden-Transmission, die zu $g(y, z)$ proportional ist, d.h. der Fouriertransformierten (in Amplitude und Phase) des Signals $G_0(\eta_0, \xi_0)$. Um die Bilder eines solchen Hologramms betrachten zu können, bedienen wir uns des Aufbaus der Fig. 2.18. Das Hologramm wird mit einem Parallellichtbündel beleuchtet, und die Bilder wurden in der Brennebene eines Objektivs O_2 beobachtet. Der Term $t_0 - \beta' |g|^2$ entspricht einer direkt übertragenen ebenen Welle, d.h., dem Bilde S_0 auf der Fig. 2.18. Die beiden ebenen Wellen $\beta' \, a_0 \, g \, e^{-jK\theta z}$ und $\beta' \, a_0 \, g^* \, e^{jK\theta z}$ werden in die Richtungen $-\theta$ und $+\theta$ abgebeugt. Sie ergeben zwei Bilder des Objektes, die in bezug auf S_0' symmetrisch sind. Der letzte Term von (5.28) ergibt eine durchgelassene Amplitude, die der konjugierten Fouriertransformierten des Objektes proportional ist. Die entsprechende Welle wird in die Richtung des Referenzlichtbündels gelenkt, das zur Aufnahme des Hologramms gedient hat. Diese Bemerkung wird uns im folgenden nützlich sein.

5.7. Filterung eines Objekts, wenn das Filter die Fouriertransformierte eines gegebenen Signals ist (angepaßtes Filter)

Es sei $F_0(\eta_0, \xi_0)$ das Objekt, das sich in A auf der Fig. 5.6 befindet. Wir möchten dieses Objekt mit dem Filter (5.28), das in S' aufgestellt wurde, filtern. In Übereinstimmung mit dem vorhergehenden verwenden wir die folgenden Bezeichnungen:

das zu filternde Objekt: $F_0(\eta_0, \xi_0)$;
die Fouriertransformierte: $f(y, z)$;
das Signal: $G_0(\eta_0, \xi_0)$;
das Fouriertransformierte Signal: $g(y, z)$.

Das Signal ist ein Element des Objektes. Die von dem Filter unter den Versuchsbedingungen durchgelassene Amplitude ist:

$$t_N f(y, z) = t_0 f - \beta' \{ f |g|^2 + a_0 \, f g \, e^{-jKz\theta} + a_0 \, f g^* \, e^{jK\theta z} \}. \quad (5.29)$$

Die Fig. 5.6 zeigt, daß das Objekt O_3 in A' die Fouriertransformierte des vorhergehenden Ausdrucks hervorbringt. Außer $t_0 f$ sind die Terme von (5.29) die Produkte von Fouriertransformierten und ihre Transformierten sind Produkte von Konvolutionen.

Wir haben für diese drei Terme:

$$\text{F.T.}[f |g|^2] = \mathcal{B}_1 = G_0(\eta_0', \xi_0') \otimes G_0^*(-\eta_0', -\xi_0') \otimes F_0(\eta_0', \xi_0'), \quad (5.30)$$

$$\text{F.T.}[f g \, e^{-jK\theta z}] = \mathcal{B}_2 = G_0(\eta_0', \xi_0') \otimes F_0(\eta_0', \xi_0') \otimes \delta(\eta_0', \xi_0' - f \theta) \quad (5.31)$$

$$(\text{F.T.} = (\text{Fouriertransformierte})),$$

wobei δ die Diracfunktion bedeutet. Wir können in der Tat $e^{-jK\theta z}$ als eine ebene Welle betrachten, deren Fouriertransformierte ein punktförmiges Signal in der Ebene A' ist, das der Richtung θ entspricht. In gleicher Weise:

$$\text{F.T.}[f\,g^*\,e^{jK\theta z}] = \mathscr{B}_3 = G_0^*(-\eta_0', -\xi_0') \otimes F_0(\eta_0', \xi_0') \otimes \delta(\eta_0', \xi_0 + f\theta). \quad (5.32)$$

Der Term $\mathscr{B}_1$ hat für den Versuch keine Bedeutung, und wir sehen, daß er sein Zentrum im Ursprung ($\eta_0' = 0$, $\xi_0' = 0$) der Ebene A hat. Das gleiche gilt für die Fouriertransformierte des Terms $t_0\,f$, die ebenfalls ihr Zentrum im Ursprung hat, und die das Objekt $F_0(\eta_0, \xi_0)$ rekonstruiert. Wir rekonstruieren also im Ursprung ein Bild von $F_0(\eta_0, \xi_0)$, das von $\mathscr{B}_1$ gestört wird. Der Term $\mathscr{B}_2$ entspricht der Konvolution von G_0 und F_0, die auf dem Punkt „zentriert" ist, der die Koordinaten $\eta_0' = 0$, $\xi_0' = f\theta$ hat. Der letzte Term $\mathscr{B}_3$ stellt die Korrelation von G_0 und F_0 vor, die auf den Punkt mit den Koordinaten $\eta_0' = 0$, $\xi_0' = -f\theta$ zentriert ist. Wir stellen fest, daß in den Formeln der Tatsache, daß in der Figur die Vergrößerung zwischen den Ebenen A und A' gleich -1 ist, nicht Rechnung getragen wird. $\mathscr{B}_2$ ist folglich in Wirklichkeit auf den Punkt $(0, -f\theta)$ und $\mathscr{B}_3$ auf den Punkt $(0, +f\theta)$ zentriert, wie es in Fig. 5.8 gezeigt ist.

Der Term $\mathscr{B}_3$, der die Korrelation von G_0 und F_0 darstellt, ist auf das Bild bezogen, das die kohärente Welle in der Ebene A' ergeben würde, wenn sie gegenwärtig wäre. Die drei Terme $\mathscr{B}_1$, $\mathscr{B}_2$ und $\mathscr{B}_3$ sind gut getrennt, wenn der Winkel θ ausreichend groß ist, d.h., wenn während der Aufnahme des Filters die Neigung der kohärenten Welle groß genug war. Nehmen wir an, daß das Objekt $F_0(\eta_0, \xi_0)$ das Signal $G_0(\eta_0, \xi_0)$ selbst sei. In diesem Falle werden die zwei interessierenden Terme, wenn

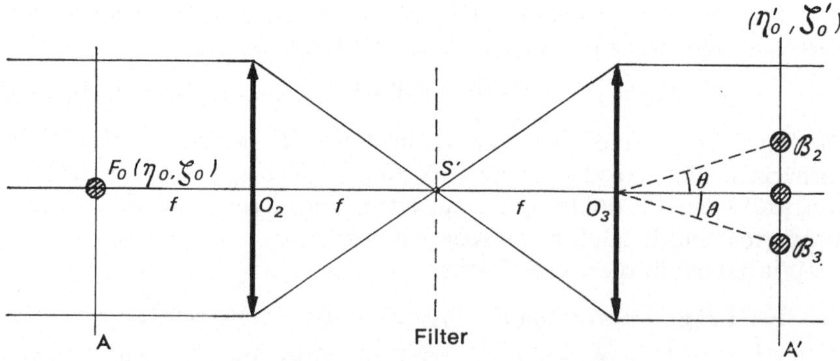

Fig. 5.8. Bilder, die mit dem Filter von VAN DER LUGT in der Position S' erhalten wurden

wir die Diracfunktion beiseite lassen, in der folgenden Weise geschrieben:

$$\mathscr{B}'_2 = G_0(\eta'_0, \xi'_0) \otimes G_0(\eta'_0, \xi'_0), \tag{5.33}$$

$$\mathscr{B}'_3 = G_0(\eta'_0, \xi'_0) \otimes G_0^*(-\eta'_0, -\xi'_0). \tag{5.34}$$

Das Bild $\mathscr{B}'_2$ stellt die Autokonvolution des Signals und $\mathscr{B}'_3$ die Autokorrelation des Signals dar. Im allgemeinen Fall enthält das Objekt $F_0(\eta_0, \xi_0)$ das Signal $G_0(\eta_0, \xi_0)$ und zusätzlich verschiedene andere, die ein „Rauschen" $B(\eta_0, \xi_0)$ ergeben.

Wir haben

$$F_0(\eta_0, \xi_0) = G_0(\eta_0, \xi_0) + B(\eta_0, \xi_0). \tag{5.35}$$

Unter diesen Bedingungen schreibt sich der Korrelationsterm $\mathscr{B}_3$, wenn wir (5.35) in (5.32) ersetzen:

$$\mathscr{B}_3 = G_0(\eta'_0, \xi'_0) \otimes G_0^*(-\eta'_0, -\xi'_0) + B(\eta'_0, \xi'_0) \otimes G_0^*(-\eta'_0, -\xi'_0). \tag{5.36}$$

$\mathscr{B}_3$ ist gleich der Summe der Autokorrelationsfunktion des Signals und der Korrelationsfunktion des Signals und des Rauschens. Wir wenden jetzt diese Resultate auf die Identifizierung von Signalen an.

5.8. Das Prinzip der Formenerkennung durch Autokorrelation*

Das Problem stellt sich wie folgt: wir möchten wissen, ob das Objekt $F_0(\eta_0, \xi_0)$ das Signal $G_0(\eta_0, \xi_0)$ enthält, oder nicht. Das Objekt ist z.B. die Photographie eines Textes und das Signal ist ein Buchstabe oder ein Wort des Textes. Nehmen wir an, daß wir z.B. den Buchstaben e identifizieren möchten. Die erste Operation besteht darin, ein angepaßtes Filter herzustellen, das die Fouriertransformierte $g(y, z)$ des Buchstabens e ist (weißer Buchstabe auf einem schwarzen Hintergrund). In der zweiten Operation wird mit Hilfe des in Fig. 4.8 gezeigten Aufbaus die Filterung des Textes vorgenommen. Der Text, in Form einer transparenten Photographie (weiße Buchstaben auf schwarzem Hintergrund), wird nach A gebracht und das Filter (die Fouriertransformierte des zu identifizierenden Buchstabens e) in S' in der Brennebene des Objektivs O_2 aufgestellt. Wir sehen in A' in der Brennebene des Objektivs O_3 drei Bilder, und es ist das dem Term $\mathscr{B}_3$ entsprechende, d.h. der Korrelation zwischen dem Objekt und dem Signal, das uns interessiert. Zur Vereinfachung wollen wir zunächst annehmen, daß das Objekt $F_0(\eta_0, \xi_0)$ nur aus dem Signal $G_0(\eta_0, \xi_0)$ besteht, d.h. aus dem Buchstaben e. Dieser

---

* Literaturhinweise siehe Abschnitt 2.20.

Fig. 5.9. In dem Bild $\mathscr{B}_3$, das der Korrelation zwischen Objekt und Signal entspricht, wird jeder Charakter 人 durch einen helleuchtenden Punkt angezeigt

Fall ist offenbar der einfachste. Der Ausdruck (4.29) gibt die Amplitude direkt hinter dem Filter. Wir sehen, daß der letzte Term, der dem Bild $\mathscr{B}_3'$ entspricht, eine Amplitude $f\,g^* = g\,g^*$ ergibt, da das Objekt aus dem Signal selbst besteht. Die Größe $g\,g^*$ ist *reell*, und infolgedessen ist die von dem Filter durchgelassene Welle eine *ebene Welle*. Wenn diese ebene Welle einheitlich wäre, so würde sie im Brennpunkt des Objektivs O_2 einen *leuchtenden Punkt* hervorrufen. In Wirklichkeit ist es jedoch nicht immer so, und das Bild des Buchstabens e ist nicht ein einfacher leuchtender Punkt, was dem Idealfall entspräche, sondern ein leuchtender Fleck. Die Fig. 5.9 zeigt die „Antwortfunktion", d.h. die Autokorrelationsfunktion, wobei wir als Objekt den Buchstaben O nehmen, nachgeahmt durch einen durchsichtigen Ring auf einem dunklen Untergrund. Da das Objekt reell und „geradzahlig" ist, gibt es keinen Unterschied zwischen der Autokorrelations- und der Autokonvolutionsfunktion. Wir finden die gleiche „Antwortfunktion" in den beiden Bildern $\mathscr{B}_2$ und $\mathscr{B}_3$ auf der Fig. 5.8. Für diesen Fall ist die „Antwort"funktion leicht zu berechnen: sie wird erhalten durch Berechnung der Oberfläche, die zwei Ringe gemeinsam hat, die mit dem Objekt identisch sind, in Funktion der Entfernung d zwischen ihren Zentren. Die Entfernung d wird ausgedrückt als Funktion des Außendurchmessers D des Buchstabens. Wir haben einen Ring angenommen, dessen Breite gleich einem Zehntel des Durchmessers D ist. Es ist zu bemerken, daß die Ordinaten die Amplituden darstellen, daß also die Intensität noch schneller abnimmt. Die „Antwort"funktion ergibt wirklich einen leuchtenden Punkt, der sich von einem Halo geringer Intensität abhebt. Wir haben einen Flecken, dessen Dimensionen von der gleichen Größenordnung sind wie das Signal selbst (hier der Buchstabe O). Im allgemeinen haben wir eine große Anzahl von Signalen, die infolgedessen sehr klein sind im Verhältnis zu der Fläche, auf der sie eingeschrieben sind. Die „Antwort"funktion, die einem gegebenen Signal entspricht, ist dann selbst ein sehr kleiner leuchtender Punkt, von dem wir vor allem den zentralen leuchtenden Punkt bemerken werden.

Wenn das Filter-Hologramm dem zu identifizierenden Buchstaben nicht gut angepaßt ist, läßt es eine Funktion $h^*(y, z)$ in Erscheinung treten, die von $g^*(y, z)$ verschieden ist. Das Produkt $g(y, z)\, h^*(y, z)$ ist nicht reell, und die in die Richtung θ gebeugte Wellenfläche ist nicht eben. In der Brennebene des Objektivs O_2 erhalten wir als „Antwort"funktion einen Flecken, der sich viel weiter ausdehnt und weniger leuchtstark ist. Dieser Flecken ist um so schlechter sichtbar, als die Korrelation zwischen dem zu identifizierenden Buchstaben und dem Buchstaben, von dem das Fourier-Hologramm aufgenommen wurde, kleiner wird. Dies geschieht ebenfalls, wenn der zu identifizierende Buchstaben (das Objekt) keine passende Orientierung hat oder wenn seine Dimensionen dem bereits hergestellten Filter-Hologramm nicht angepaßt sind. Es ist hier zu bemerken, daß, wenn in dem vorhergehenden Versuch der zu identifizierende Buchstabe (das Objekt) verschoben wird, seine Transformierte $g(y, z)$ mit einem Faktor der Form $e^{\,j\frac{K}{f}(y\eta_1 + z\xi_1)}$ multipliziert wird, wobei η_1 und ξ_1 die Koordinaten des neuen Ursprungs, bezogen auf den alten, sind. Der letzte Term von (5.29) wird geschrieben

$$\beta'\, a_0\, f \cdot g^* \, e^{j\theta z} \cdot e^{\,j\frac{K}{f}(y\eta_1 + z\xi_1)},$$

und so bleibt die Welle eben, aber ihre Orientierung hat sich geändert, sie entspricht nicht mehr der Richtung θ. Der leuchtende Punkt ändert seinen Ort und zeigt die neue Position des zu identifizierenden Buchstabens an. Dies läßt uns verstehen, was geschieht, wenn das Objekt den zu identifizierenden Buchstaben neben anderen, davon verschiedenen Signalen enthält. Als Beispiel möchten wir in einem chinesischen Text den Charakter 人 identifizieren. Die Aufnahmen des Fourier-Hologramms dieses Charakters wird nach dem Schema der Fig. 5.7 vorgenommen. Der Charakter ist durchscheinend auf schwarzem Untergrund und befindet sich in $G_0(\eta_0, \xi_0)$. Für die Identifizierung wird der Text (Fig. 5.9), von dem wir annehmen, daß er eine große Anzahl von Ideogrammen enthält, nach A gebracht (in der Fig. 5.8), und in dem Bild $\mathscr{B}_3$, das der Autokorrelation entspricht, haben wir einen hell leuchtenden Punkt, der automatisch den Ort des zu identifizierenden Ideogramms einnimmt. Wir haben das Beispiel des Auffindens eines Charakters gewählt, aber wir können natürlich ein Ensemble von Charakteren, einen Satz oder ein Wort auffinden, indem wir das Fourier-

Hologramm des Ensembles, des Satzes oder des Wortes einsetzen. Es ist offensichtlich, daß, falls das Objekt Signale von einer Form, ähnlich der des gesuchten Signals, enthält, es parasitische „Antwort"funktionen geben kann. Eine gewisse Anzahl von Methoden sind vorgeschlagen worden, die erlauben, die Wahrscheinlichkeit „falscher Alarme" zu reduzieren, wenn die Korrelation zwischen dem Signal und dem Rauschen groß ist. Bevor wir jedoch zum Ende kommen, möchten wir die Bedeutung des Ideogrammes der Fig. 5.9 angeben: *Langes Leben dem Leser*.

Bibliographie

1. ABBE, E.: Arch. mikr. Anat. Entwickl.-Mech. **9**, 413 (1893).
2. ARMSTRONG, J.: Fresnel holograms: Their imaging properties and aberrations. IBM J. Res. Develop. **9**, 171—178 (1965).
3. ARMITAGE, J.D., LOHMANN, A.W.: Character recognition by incoherent spatial filter. Appl. Opt. **4** (4), 461—467 (1965).
4. — — Character recognition by incoherent spatial filter. Appl. Opt. **4**, 1666 (1965).
5. — — HERRICK, R.B.: Absolute contrast enhancement. Appl. Opt. **4** (4), 445—451 (1965).
6. BAEZ, A.V., EL SUM, H.M.A.: Effect of finite source size, radiation band bandwith, and object transmission in microscopy by reconstructed wavefronts. In: X-ray microscopy and microradiography proceedings, pp. 347—366. New York: Academic Press 1957.
7. — Focusing by diffraction. Am. J. Phys. **20**, 311—312 (1952).
8. — A study in diffraction microscopy with special reference to X-rays. J. Opt. Soc. Am. **42**, 756—762 (1952).
9. — Resolving power in diffraction microscopy with special reference to X-rays. Nature **169**, 963—964 (1952).
10. BAKER, B.B., COPSON, E.T.: The mathematical theory of Huygen's principle, 2nd ed. Oxford: Clarendon Press 1949.
11. BELSTAD, J.O.: Holograms and spatial filters processed and copied in position. Appl. Opt. **6**, 171 (janv. 1967).
12. BERAN, M.J., PARRENT, G.B., JR.: Theory of partial coherence. Englewood Cliffs, N.J.: Prentice-Hall Inc. 1964.
13. BERNSTEIN, K.L.: Spatial filtering with partially coherent light. J. Opt. Soc. Am. **54**, 571A (1964).
13a. BOIVIN, A.: Theorie et calcul des figures de diffraction de revolution. Paris: Gauthier-Villars 1964.
14. BORN, M., WOLF, E.: Principles of optics, 2nd ed., p. 453. Pergamon Press 1964.
15. BOSOMWORTH, D.R., GERRITSEN: Thick holograms in photochromic materials. Appl. Opt. **7**, 95 (janv. 1968).
16. BOUWKAMP, C.J.: Diffraction theory. In: Progress in physics (A.C. STRICKLAND, ed.), vol. XVII. London: The Physical Society 1954.
17. BRACEWELL, R.N.: The Fourier transform and its applications. New York: McGraw-Hill Book Co. 1965.
18. BRAGG, W.L.: An optical method of representing the results of X-ray analysis. Z. Krist. **70**, 475—492 (1929).
19. — The X-ray microscope. Nature **149**, 470—472 (1942).
20. — Microscopy by reconstructed wavefronts. Nature **166**, 399—400 (1950).
21. — ROGERS, G.L.: Elimination of unwanted image in diffraction microscopy. Nature **167**, 190—191 (1951).
22. BRANDT, G.B.: Hologram moire interferometry for transparent objects. Appl. Opt. **6**, 1535 (sept. 1967).

23. BROOKS, R. E., HEFLINGER, L. O., WUERKER, R. F., BRIONES, R. A.: Holographic photography of high-speed phenomena with conventional and Q-switched Ruby lasers. Appl. Phys. Letters 7 (4), 92—96 (1965).
24. — — — Interferometry with a holographically reconstructed comparison beam. Appl. Phys. Letters 7, 248—249 (1965).
25. — — — Pulsed laser holograms. IEEE J. Quantum Electron. QE-2, 275 (1966).
26. BROWN, W. M.: Analysis of linear time invariant systems. New York: McGraw-Hill Book Co.
27. BRUMM, D. B.: Copying holograms. Appl. Opt. 5, 1946 (1966).
28. BRYNDAHL, O.: Polarizing holography. J. Opt. Soc. Am. 57, 545 (1967).
29. BURCH, J. M., ENNOS, A. E., WILTON, R. J.: Dual and multiple beam interferometry by wavefront reconstruction. Nature 209, 1015 (1966).
29a. BURCH, J. M.: Interferometry. NPL Symposium Nr. 11, pp. 277—278. H. M. Stationary Office 1960.
29b. — GATES, J. W., HALL, R. G., TANNER, L. H.: Holography with a scatter plate as beam-splitter and a pulsed ruby laser as light source. Nature 212, Nr. 5068, 1347—1348 (1966).
30. BURCKHARDT, C. B., COLLIER, R. J., DOHERTY, E. T.: Formation and inversion of pseudoscopic images. Appl. Opt. 7, 627 (1968).
31. BUERGER, M. J.: Optically reciprocal gratings and their application to synthesis of Fourier series. Proc. Natl. Acad. Sci. U.S. 27, 117—124 (1941).
32. — Generalized microscopy and the two-wavelength microscope. J. Appl. Phys. 21, 909—917 (1950).
33. — The photography of atoms in crystals. Proc. Natl. Acad. Sci. U.S. 36, 330—335 (1950).
34. CARCEL, J. T., RODEMANN, A. H., FLORMAN, E., DOMESHEK, S.: Simplification of holographic procedures. Appl. Opt. 5, 1199 (1966).
35. CARTER, W. H., DOUGAL, A. A.: Studies of coherent laser illumination in microscopy and microholography. IEEE J. Quantum Electron. QE-2, 44 (1966).
36. — — Field range and resolution in holography. J. Opt. Soc. Am. 56, 1754 (1966).
37. CATHEY, W. T., JR.: Three-dimensional wavefront reconstruction using a phase hologram. J. Opt. Soc. Am. 55, 457 (1965).
38. — Spatial phase modulation of wavefront in spatial filtering and holography. J. Opt. Soc. Am. 56, 1167 (1966).
39. CHAMPAGNE, E. B.: Non-paraxial imaging, magnification and aberration properties in holography. J. Opt. Soc. Am. 57, 51 (1967).
40. CHAU, H. H., NORMAN, M. H.: Demonstration of the application of wavefront reconstruction to interferometry. Appl. Opt. 5, 1237 (1966); Zone plate theory based on holography. Appl. Opt. 6, 317 (1967).
41. COCHRAN, G.: New method of making Fresnel transforms with incoherent light. J. Opt. Soc. Am. 56, 1513 (1966).
42. COLLIER, R. J.: Some current views on holography. IEEE Spectrum, pp. 67—74 (July 1966).
43. — DOHERTY, E. T., PENNINGTON, K. S.: Applications of Moiré techniques to holography. Appl. Phys. Letters 7, 223—225 (1965).
44. — PENNINGTON, K. S.: Multicolor imaging from holograms formed on two-dimensional media. Appl. Opt. 6, 1091 (1967).
45. COLLINS, L. F.: Difference holography. Appl. Opt. 7, 203 (1968).
46. CORCORAN, V. J., HERRON, R. W., JR., JARAMILLO, J.: Generation of a hologram from a moving target. Appl. Opt. 5 (4), 668—669 (1966).
47. CONSIDINE, P. S.: An experimental study of coherent imaging. J. Opt. Soc. Am. 56, 1001 (1966).

48. Cosslett, V. E.: Practical electron microscopy, pp. 254—255. New York: Academic Press 1951.
49. — Nixon, W. C.: X-ray microscopy, pp. 17—18. New York: Cambridge University Press 1960.
50. Cowley, J. M.: Stereoscopic three-dimensional structure analysis. Acta Cryst. **9**, 399—401 (1956).
51. Cutrona, L. J., Leith, E. N., Palermo, C. J., Porcello, L. J.: Optical data processing and filtering systems. IRE Trans. Inform. Theory, IT-**6**, 3, 386 (1960).
52. — Recent developments in coherent optical technology. In: Optical and electro-optical information processing (eds. T. Tippett, A. Berkowitz, C. Clapp, J. Koester and A. Vanderburgh, Jr.), pp. 83—123. Cambridge, Mass.: MIT Press 1965.
53. — Leith, E. N., Procello, L. J., Vivian, W. E.: On the applications of coherent optical processing techniques to synthetic aperture radars. Proc. IEEE **54**, 1026 (1966).
54. Davenport, W. B., Jr., Root, W. L.: Random signals and noise, chaps. 12 and 13. New York: McGraw-Hill Book Co. 1958.
55. De, M., Sévigny, L.: Three beam holography. Appl. Phys. Letters **10** (3), 78 (1967).
56. — — Polarization holography. J. Opt. Soc. Am. **57**, 110 (1967).
57. DeBitetto, D. J.: White light viewing of surface holograms by simple dispersion compensation. Appl. Phys. Letters **9** (12), 417 (1966).
58. Debrus, S., Françon, M., May, M.: Interférométrie en lumière blanche diffuse. Optics Communications No. 2 (1969).
59. — — — Interférométrie en lumière diffuse et à observation directe. Paris: C. R. A. S. (im Druck).
60. Denisyuk, Y. N.: Photographie reconstruction of the optical properties of an object in its own scattered radiation field. Soviet Phys. Doklady **7**, 543—545 (1962); Dokl. Akad. Nauk SSSR **144**, 1275—1278 (1962).
61. — On the reproduction of optical properties of an object by the wave field of its scattered radiation. Opt. Spectry. (USSR) **15**, 279—284 (1963); Opt. i Spektroskopiya **15**, 522—532 (1963).
62. — On the reproduction of optical properties of an object by the wave field of its scattered radiation II. Opt. Spectry. (USSR) **18** (2), 152 (1965).
63. DeVelis, J. B., Parent, G. B., Jr., Thompson, B. J.: Image reconstruction with Fraunhofer holograms. J. Opt. Soc. Am. **56**, 423 (1966).
64. — Reynolds, G. O.: Magnification limitations in holography. J. Opt. Soc. Am. **56**, 1414 A (1966).
65. — — Theory and applications of holography. Addison-Wesley 1967.
66. — Thompson, B. J.: Importance of photographic grain in optical processing. J. Opt. Soc. Am. **56**, 1440 A (1966).
67. Diamond, F. I.: Magnification and resolution in wavefront reconstruction. J. Opt. Soc. Am. **57**, 503 (1967).
68. Djurle, E., Back, A.: Some measurements of the effects of air turbulence on photographic images. J. Opt. Soc. Am. **51**, 1029 (1961).
69. Dootey, R. P.: X-band holography. Proc. IEEE **53** (1), 1733—1735 (1965).
70. Duffy, D. E.: Optical reconstruction from microwave holograms. J. Opt. Soc. Am. **56**, 832 (1966).
71. Dyson, J.: The optical synthesizer for the Gabor diffraction microscope. Communication 18 in: Proceedings of the First International Congress of Electron Microscopy, Paris, 1950, pp. 126—128. Paris: Institute of Optics 1953.
72. — Common-path interferometer for testing purposes. J. Opt. Soc. Am. **47**, 386 (1957).
73. Eaglesfield, C. C.: Resolution of X-ray microscopy by hologram. Electronic Letters **1**, 181—182 (1965).

74. ELIAS, P., GREY, D.S., ROBINSON, D.Z.: Fourier treatment of optical processes. J. Opt. Soc. Am. **42**, 127 (1952).

76. — Optics and communication theory. J. Opt. Soc. Am. **43**, 229 (1953).

77. EL SUM, H.M.A.: Reconstructed wavefront microscopy. Doctoral dissertation. Stanford University 1952 (Available from University Microfilm, Inc., Ann Arbor, Mich.).

78. — Information retrieval from phase-modulating media. In: Optical processing of information (eds. D.K. POLLOCK, C.J. KŒSTER and J.T. TIPPETT), pp. 86—97. Baltimore, Md.: Spartan Books 1963.

79. — Uses for holograms. Science and technology, p. 50 (nov. 1967).

80. ENLOE, L.H., MURPHY, J.A., RUBINSTEIN, C.B.: Hologram transmission via television. Bell. System Tech. J. **45**, 335 (1966).

81. FALCONER, D.G., WINTHROP, J.T.: Fresnel transform spectroscopy. Phys. Letters **14**, 190—191 (1965).

82. FRANÇON, M., LOWENTHAL, S., MAY, M., PRAT, R.: Application des techniques de l'holographie à l'étude de la fonction de transfert. Compt. Rend. **263**, 237 (1966).

83. FRIESEM, A.A.: Holograms on thick emulsions. Appl. Phys. Letters **7** (4), 102—103 (1965).

84. — FEDOROWICZ, R.J.: Recent advances in multicolor wavefront reconstruction. Appl. Opt. **5**, 1085 (1966).

85. — ZELENKA, J.S.: Effects of film nonlinearities in holography. Appl. Opt. **6**, 1755 (1967).

86. GABOR, D.: A new microscopic principle. Nature **161**, 777—778 (1948).

87. — Microscopy by reconstructed wave-fronts. Proc. Roy. Soc. (London), Ser. A **197**, 454—487 (1949).

88. — Diffraction microscopy. J. Appl. Phys. **19**, 1191 (1948).

89. — Microscopy by reconstructed wave-fronts, II. Proc. Phys. Soc. (London) B **64**, 449—469 (1951).

90. — Diffraction microscopy. Research (London) **4**, 107—112 (1951).

91. — Generalized schemes of diffraction microscopy. Communication 19, in: Proceedings of the First International Congress of Electron Microscopy, Paris, 1950, pp. 129—137. Paris: Institute of Optics 1953.

92. — Light and information. In: Progress in optics, vol. 1 (ed. E. WOLF). Amsterdam: North Holland Publishing Co. 1961.

93. — Holography, or the "whole picture". Reprinted from New Scientist, pp. 74—78 (13 January 1966).

94. — Character recognition by holography. Nature **208**, 422—423 (1965).

95. — et al.: Optical image synthesis (complex amplitude addition and subtraction) by holographic Fourier transformation. Phys. Letters **18**, 116 (1965).

96. — STROKE, G.W., BRUMM, D., FUNKHOUSER, A., LABEYRIE, A.: Reconstruction of phase objects by holography. Nature **208**, 1159—1162 (1965).

97. — GOSS, W.P.: Interference microscope with total wavefront reconstruction. J. Opt. Soc. Am. **56**, 849 (1966).

98. GATES, J.W.C.: Holography with scatter plates. J. Sci. Instr. (J. Physics E), ser. 2, **1**, 989 (1968).

99. GEORGE, N., MATTHEWS, J.W.: Holographic diffraction gratings. Appl. Phys. Letters **9** (5), 212 (1966).

100. GIVENS, M.P., SIEMENS, W.J.: The experimental production of synthetic holograms. J. Opt. Soc. Am. **56**, 537 A (1966).

101. GOLDMAN, S.: Sideband interpretation of optical information and the diffraction pattern of unsymmetrical pupil functions. J. Opt. Soc. Am. **52**, 1131—1142 (1962).

102. GOODMAN, J.W.: Some effects of target-induced scintillation on optical radar performance. Proc. IEEE **53**, 1688 (1965).

103. GOODMAN, J. W.: Wavefront-reconstruction imaging through random media. Appl. Phys. Letters **8**, 311 (1966).

104. — Effects of film nonlinearities on wavefront-reconstruction images of diffuse objects. J. Opt. Soc. Am. **57**, 560 (1967).

105. — Temporal filtering properties of holograms. Appl. Opt. **6**, 857 (1967).

106. — Noise in wavefront-reconstruction imaging. J. Opt. Soc. Am. **57**, 493 (1967).

107. — Introduction to Fourier optics. McGraw-Hill 1968.

108. — HUNTLEY, W. H., JR., JACKSON, D. W., LEHMAN, M.: Wavefront reconstruction imaging through random media. Appl. Phys. Letters **8** (12), 311—313 (1966).

109. GREEN, R. B.: An optical activity measuring technique using holography. Appl. Opt. **7**, 711 (1968).

110. GRANT, R. M., LILLIE, R. L., BARNETT, N. E.: Underwater holography. J. Opt. Soc. Am. **56**, 1142 (1966).

111. HAINE, M. E., DYSON, J.: A modification to Gabor's proposed diffraction microscope. Nature **166**, 315—316 (1950).

112. — MULVEY, T.: The formation of the diffraction image with electrons in the Gabor diffraction microscope. J. Opt. Soc. Am. **42**, 763—773 (1952).

113. — — Diffraction microscopy with X-rays. Nature **170**, 202—203 (1952).

114. — — Initial results in the practical realisation of Gabor's diffraction microscope. Communication 17, in: Proceedings of the First International Congress of Electron Microscopy, Paris, 1950, pp. 120—125. Paris: Institute of Optics 1953.

115. HAINES, K., HILDEBRAND, B. P.: Contour generation by wavefront reconstruction. Phys. Letters **19**, 10—11 (1965).

116. HAINES, K. A., HILDEBRAND, B. P.: Surface deformation measurements using the wavefront reconstruction technique. Appl. Opt. **5** (4), 595 (april 1966).

117. HAINE, M. E.: The electron microscope, pp. 64—68. New York: Interscience Publishers Inc. 1961.

118. HANSLER, R. L.: Application of holographic interferometry to the comparison of highly polished reflecting surfaces. Appl. Opt. **7**, 711 (1968).

119. HARRIS, F. S., JR., SHERMAN, G. C., BILLINGS, B. H.: Copying holograms. Appl. Opt. **5** (4), 665—666 (1966).

120. HELDER, D. W., NORTH, R. J.: Schlieren methods, National Physical Laboratory (Notes on applied Science, No. 31, London, England: His Majesty's Stationery Office).

121. HELSTROM, C. W.: Image luminance and ray tracing in holography. J. Opt. Soc. Am. **56** (4), 433 (1966).

122. HILDENBRAND, B. P., HAINES, K. A.: Interferometric measurements using the wavefront reconstruction technique. Appl. Opt. **5** (1), 172 (1966).

123. — — Multiple-wavelength and multiple-source holography applied to contour generation. J. Opt. Soc. Am. **57**, 155 (1967).

124. HIOKI, R., SUZUKI, T.: Reconstruction of wavefronts in all directions. Japan J. Phys. **4**, 816 (1965).

125. HOENL, H., MAUE, A. W., WESTPFAHL, K.: Theorie der Beugung. In: Handbuch der Physik (ed. S. FLÜGGE), Bd. 25. Berlin-Göttingen-Heidelberg: Springer 1961.

126. HOFFMAN, A. S., DOIDGE, J. G., MOONEY, D. G.: Inverted reference-beam hologram. J. Opt. Soc. Am. **55**, 1559 (1965).

127. HORMAN, M. H.: Application of wavefront reconstruction to interferometry. J. Opt. Soc. Am. **55**, 615 (1965).

128. — An application of wavefront reconstruction to interferometry. Appl. Opt. **4**, 333—336 (1965).

129. HUFNAGEL, R. E., STANLEY, N. R.: Modulation transfer function associated with image transmission through turbulent media. J. Opt. Soc. Am. **54**, 52 (1964).

130. INGALLS, A.: The effect of film thickness variations on coherent light. J. Phot. Sci. Eng. **4**, 135 (1960).

131. Jacobson, A. D., McClung, F. J.: Holograms produced with pulsed laser illumination. Appl. Opt. **4** (11), 1559 (1965).
132. Jackson, P.: Diffractive processing of geophysical data. Appl. Opt. **4** (4), 419—420 (1965).
133. Jeong, T. H., Rudolph, P., Luckett, A.: 360° holography. J. Opt. Soc. Am. **56**, 1263 (1966).
134. Kailath, T.: In: E. J. Gaghdady (ed.), Channel characterization: Time-variant dispersive channels, lectures on communication system theory. New York: McGraw-Hill, Book Company 1960.
135. Kakos, A., Ostrovskaya, G. V., Ostrovskii, Y. I., Zaidel, A. N.: Interferometry holographic investigation of a laser spark. Phys. Letters **23**, 81 (1966).
136. Kano, Y., Wolf, E.: Temporal coherence of blackbody radiation. Proc. Phys. Soc. (London) **80**, 1273 (1962).
138. Keller, J. B.: Geometrical theory of diffraction. J. Opt. Soc. Am. **52**, 116 (1962).
139. Kelley, D. H.: Systems analysis of the photographic process. I. A three-stage model. J. Opt. Soc. Am. **50**, 269 (1960).
140. Kirchhoff, G.: Zur Theorie der Lichtstrahlen. Wiedemann Ann. **18** (2), 663 (1883).
141. Kirk, J. P.: Hologram on photochromic glass. Appl. Opt. **5**, 1684 (1966).
142. Kirkpatrick, P., El Sum, H. M. A.: Image formation by reconstructed wavefronts. I. Physical principles and methods of refinement. J. Opt. Soc. Am. **46**, 825 (1956).
143. Knight, G.: Effects of film non-linearities in holography. Doctoral dissertation. Stanford University 1967.
144. Knox, C.: Holographic microscopy as a technique for recording dynamic microscopic subjects. Science **153**, 989 (1966).
145. Kock, W. E.: Hologram television. Proc. IEEE **54** (2), 331 (1966).
146. — Rendeiro, J.: Some curious properties of holograms. Proc. IEEE **53**, 1787 (1965).
147. — Rosen, L., Rendeiro, J.: Holograms and zone plates. Proc. IEEE **54**, 1599 (1966).
148. — — Stroke, G. W.: Focussed image holography. Proc. IEEE **55**, 80 (1967).
148a. — Holography can help radar find new performance horizons. Electronics, p. 80 (Oct. 12, 1970).
149. Kogelnik, H.: Holographic image projection through inhomogeneous media. Bell System Tech. J. **44**, 2451—2455 (1965).
150. Kottler, F.: Electromagnetische Theorie der Beugung an schwarzen Schirmen. Ann. Physik **4**, 71, 457 (1923).
151. — Zur Theorie der Beugung an schwarzen Schirmen. Ann. Physik **4**, 70, 405 (1923).
152. — Diffraction at a black screen. In: Progress in optics (ed. E. Wolf), vol. 4. Amsterdam: North Holland Publishing Co. 1965.
153. Kovasnay, L. S. G., Arman, A.: Optical autocorrelation measurement of two-dimensional random patterns. Rev. Sci. Instr. **28**, 793 (1957).
154. Kozma, A., Kelly, D. L.: Spatial filtering of signals with additive noise. J. Opt. Soc. Am. **54**, 1395 (1964).
156. — Photographic recording of spatially modulated coherent light. J. Opt. Soc. Am. **56**, 428 (1966).
157. — Massey, N.: Bias level reduction of incoherent holograms. J. Opt. Soc. Am. **56**, 537A (1966).
158. Kreuzer, J. L.: Ultrasonic three dimensional imaging using holographic techniques. Proc. Symp. Modern Optics. New York: Polytechnic Press (im Druck).
159. Ladenberg, R. W., Lewis, B., Pease, R. N., Taylor, H. S.: Physical measurements in gas dynamics and combustion. Princeton, N.J.: Princeton University Press 1954.
160. Landry, M. J.: Copying holograms. Appl. Phys. Letters **9** (8), 303 (1966).
161. Lehmann, M., Huntley, W. H., Jr.: Photographic techniques with coherent monochromatic light. Paper presented at the 10th Technical Symposium of the Society of Photographic Instrumentation Engineers, San Francisco, California (August 1965).

162. LEITH, E. N.: Photographic film as an element of a coherent optical system. J. Phot. Sci. Eng. **6**, 75 (1962).

163. — UPATNIEKS, J.: Holograms, their properties and uses. J. Soc. Photogr. Instr. Engrs. **4**, 3—6 (1965).

164. — — Imagery with coherent optics. J. Soc. Photogr. Instr. Engrs. **3**, 123—126 (1965).

165. — — Reconstructed wavefronts and communication theory. J. Opt. Soc. Am. **52**, 1123 (1962).

166. — — Wavefront reconstruction with continuous-tone objects. J. Opt. Soc. Am. **53**, 1377 (1963).

167. — — Wavefront reconstruction with diffused illumination and three-dimensional objects. J. Opt. Soc. Am. **54**, 1295 (1964).

168. — — Wavefront reconstruction photography. Phys. Today **18**, 26—31 (1965).

169. — — HILDEBRAND, B. P., HAINES, K.: Requirements for a wavefront reconstruction television facsimile system, J. Soc. Motion Picture Television Engrs. **74**, 893—896 (1965).

170. — — Photography by laser. Sci. Am. **212** (6), 24 (June 1965).

171. — — HAINES, K.: Microscopy by wavefront reconstruction. J. Opt. Soc. Am. **55** (8), 981 (August 1965).

172. — KOZMA, A., UPATNIEKS, J.: Coherent optical systems for data processing, spatial filtering, and wavefront reconstruction. In: Optical and electro-optical information processing (eds. J. T. TIPPETT, A. BERKOWITZ, L. C. CLAPP, C. J. KŒSTER and A. VAN-DERBURGH, JR.), pp. 143—158. Cambridge, Mass.: MIT Press 1965.

173. — — KOZMA, A., MASSEY, N.: Hologram visual displays. J. Soc. Motion Picture Television Engrs. **75**, 323 (1966).

174. — et al.: Holographic data storage in three-dimensional media. Appl. Opt. **5**, 1303 (1966).

175. — UPATNIEKS, J.: Holographic imagery through diffusing media. J. Opt. Soc. Am. **56**, 523 (1966).

176. — — VAN DER LUGT, A.: Hologram microscopy and lens aberration compensation by the use of holograms. Appl. Opt. **5**, 589 (1966).

177. LEITH, E.: Holography's practical dimension. Electronics **25**, 88 (July 1966).

178. LIGHTHILL, M. J.: Introduction to Fourier analysis and generalized functions. New York: Cambridge University Press 1960.

179. LIN, L. H., LO BIANCO, C. V.: Experimental techniques in making multicolor white light reconstructed holograms. Appl. Opt. **6** (7), 1255 (1967).

180. — PENNINGTON, K. S., STROKE, G. W., LABEYRIE, A. E.: Multicolor holographic image reconstruction with white light illumination. Bell System Tech. J. **45** (4), 659 (1966).

181. LINFOOT, E. N.: Recent advances in optics. Oxford: Clarendon Press 1955.

182. LIPPMANN, G.: Sur la théorie de la photographie des couleurs simples et composées par la méthode interférentielle. J. Phys. **3**, 97 (1894).

183. LOHMANN, A. W.: Wavefront reconstruction for incoherent objects. J. Opt. Soc. Am. **55**, 1555 (1965).

184. — PARIS, D. P.: Space variant image formation. J. Opt. Soc. Am. **55**, 1007 (1965).

185. LOHMANN, A.: Reconstruction of vectorial wavefronts. Appl. Opt. **4**, 1667 (1965).

186. — BROWN, B. R.: Complex spatial filtering with binary masks. Appl. Opt. **5**, 967 (1966).

187. — PARIS, D. P.: Binary image holograms. J. Opt. Soc. Am. **56**, 537 A (1966).

188. LOWENTHAL, S., BELVAUX, Y.: Reconnaissance des formes en optique par traitement des signaux dérivés. Compt. Rend. **262**, 413 (1966).

189. — — Holographie interférométrique en lumière diffuse. Compt. Rend. **263**, 9904 (1966).

190. LOWENTHAL, S., WERTS, A.: Restitution d'hologrammes en lumière partiellement cohérente. Compt. Rend. **264**, 971 (1967).
191. — BELVAUX, Y.: Progrès récents en optique cohérente. Filtrage des fréquences spatiales. Holographie. Rev. opt. **46**, 1 (1967).
192. — WERTS, A.: Filtrage des fréquences spatiales en lumiére incohérente à l'aide d'hologrammes. Compt. Rend. **266**, 542 (1968).
193. — — Congrès d'optique de Florence: utilisation de la lumière spatialement incohérente en holographie. Compt. Rend. **268**, 841 (1969).
194. — FROEHLI, C., SERRES, J.: Spectrographie à haute luminosité et faible bruit par par application des techniques holographiques. Compt. Rend. Note présentée le 19 mai 1969.
195. LURIE, M.: Effects of partial coherence on holography with diffuse illumination. J. Opt. Soc. Am. **56**, 1369 (1966).
197. MANDEL, L.: Color imagery by wavefront reconstruction. J. Opt. Soc. Am. **55**, 1697—1698 (1965).
198. — WOLF, E.: Coherence properties of optical fields. Rev. Mod. Phys. **37**, 231 (1965).
199. — Wavefront reconstruction with light of finite coherence length. J. Opt. Soc. Am. **56**, 1636 (1966).
200. MAROM, E.: Color imagery by wavefront reconstruction. J. Opt. Soc. Am. **57**, 101 (1967).
201. MARQUET, M., ROYER, H.: Études des aberrations géométriques des images reconstituées par holographie. Compt. Rend. **260**, 6051—6053 (9 juin 1965).
202. — SAGET, J.C.: The influence of the object support in coherent optics. Compt. Rend. **261**, 4681—4684 (1965).
203. — FORTUNATO, G., ROYER, H.: Theoretical study of the object-image correspondance in holography. Compt. Rend. **261**, 3553—3555 (1965).
204. — BOURGEON, M.A., SAGET, J.C.: Interférométrie par holographie. Rev. opt. **45** (45) (11), 501 (nov. 1966).
205. — Limitations dues au récepteur photographique en holographie. Bull. photogram. (juil. 1968).
206. — ODIER, M.: Stockage par holographie d'informations tridimensionnelles de mesure. Application à la scintigraphie. Compt. Rend. **268**, 916 (31 mars 1969).
207. MARÉCHAL, A., CROCE, P.: A filter of spatial frequencies for the improvement of the contrast of optical images. Compt. Rend. **237**, 607 (1953).
208. — FRANÇON, M.: Diffraction, Éditions de la Rev. opt., Paris (1960).
209. MARTIENSSEN, W., SPILLER, S.: Holographic reconstruction without granulation. Phys. Letters **24**A (2), 126 (1967).
210. MEES, C.E.K.: The theory of the photographic process (rev. ed.). New York: The MacMillan Company 1954.
211. MEIER, R.W.: Depth of focus and depth of field in holography. J. Opt. Soc. Am. **55**, 1693—1694 (1965).
212. — Magnification and third-order aberrations in holography. J. Opt. Soc. Am. **55**, 987—992 (1965).
213. — Cardinal points and the novel imaging properties of a holographic system. J. Opt. Soc. Am. **56**, 219—223 (1966).
214. MERTZ, L., YOUNG, N.O.: Fresnel transformations of images. In: K.J. HABELL (ed.), Proc. Conf. Optical Instruments and Techniques, p. 305. New York: John Wiley & Sons 1963.
215. — Transformations in optics. New York: John Wiley & Sons, Inc. 1965.
216. METHERELL, A.F., EL SUM, H.M.A., DREKER, J.J., LARMORE, L.: Optical reconstruction from sampled holograms made with sound waves. Phys. Letters **24** (10), 547 (1967).
217. — — LARMORE, L.: Acoustical holography. New York: Plenum Press 1968.

218. MEYER-ARENDT, J.R.: An approach to stereoscopic wavefront reconstruction. J. Opt. Soc. Am. **51**, 1468A (1961).
219. — Three-dimensional wavefront reconstruction. Appl. Opt. **2**, 409—410 (1963).
220. MUELLER, R.K., SHERRIDON, N.K.: Sound holograms and optical reconstruction. Appl. Phys. Letters **9**, 328 (1966).
221. — MAROM, E., FRITZLER, D.: Electronic simulation of a variable inclination reference for acoustic holography via the ultrasonic camera. Appl. Phys. Letters **12** (11), 394 (1968).
222. O'NEILL, E.L.: Selected topics in optics and communication theory. Boston University, Department of Physics (1957).
223. — Introduction to statistical optics. Reading, Mass.: Addison-Wesley Publishing Co., Inc. 1963.
224. — Spatial filtering in optics. Trans IRE PGIT **2**, 56 (1956).
225. — (ed.): Communication and information theory aspects of modern optics. General Electric Co., Electronics Laboratory, Syracuse, N.Y. (1962).
226. — An introduction to quantum optics. Publication of Department of Physics, University of California, Berkeley 1965.
227. NEUMANN, D.B.: Geometrical relationships between the original object and the two images of a hologram reconstruction. J. Opt. Soc. Am. **56**, 858 (1966).
228. OFFNER, A.: Ray tracing through a holographic system. J. Opt. Soc. Am. **56**, 1509 (1966).
229. OLIVER, B.M.: Sparkling spots in random diffraction. Proc. IEEE **51**, 220 (1963).
230. ORR, L.W., TEHON, S.W., BARNETT, N.E.: Isophase surfaces in interference holography. Appl. Opt. 203 (1968).
231. OSTERBERG, H.: Reconstruction of objects from their diffraction images. J. Opt. Soc. Am. **56**, 723 (1966).
232. PARRENT, G.B., THOMPSON, B.J.: On the Fraunhofer (far field) diffraction patterns of opaque and transparent objects with coherent background. Opt. Acta **11**, 183 (1964).
233. — REYNOLDS, G.O.: Resolution limitations of lensless photography. J. Opt. Soc. Am. **55**, 1566A (1965); J. Soc. Photogr. Instr. Engrs. **3**, 219—220 (1965).
234. — — A space bandwidth theorem for holograms. J. Opt. Soc. Am. **56**, 1400 (1966).
235. PAPOULIS, A.: The Fourier integral and its applications, p. 27. New York: McGraw-Hill Book Company 1963.
236. PAQUES, H., SMIGIELSKI, P.: Holographie. Opt. Acta **12**, 359—378 (1965).
237. — — Cineholography. Compt. Rend. **260**, 6562—6564 (1965).
238. PEARCEY, T.: Table of the Fresnel integral. New York: Cambridge University Press 1956.
239. PETERS, P.J.: Incoherent holograms with mercury light source. Appl. Phys. Letters **8** (8), 209 (1966).
240. PENNINGTON, K.S., COLLIER, R.J.: Hologram generated ghost image experiments. Appl. Phys. Letters **8** (1), 14—16 (1966).
241. — — Ghost imaging by holograms formed in the near field. Appl. Phys. Letters **8**, 44 (1966).
242. — LIN, L.H.: Multicolor wavefront reconstruction. Appl. Phys. Letters **7**, 56—57 (1965).
243. PINNOCK, P.R., TAYLOR, C.A.: The determination of the signs of structure factors by optical methods. Acta Cryst. **8**, 687 (1955).
244. POLE, R.V.: 3-D Imagery and holograms of objects illuminated in white light. Appl. Phys. Letters **10** (1), 20 (1967).
245. POLLACK, D.K., KŒSTER, C.J., TIPPETT, J.T. (eds.): Optical processing of information. Baltimore, Md.: Spartan Books, Inc. 1963.
246. POWELL, R.L., STETSON, K.A.: Interferometric vibration analysis of three-dimensional objects by wavefront reconstruction. J. Opt. Soc. Am. **55**, 612 (1965).

Bibliographie

247. POWELL, R.L., STETSON, K.A.: Interferometric vibration analysis by wavefront reconstruction. J. Opt. Soc. Am. **55**, 1593 (1965).
248. PRESTON, K., JR.: Computing at the speed of light. Electronics **38** (18), 72—83 (1965).
249. — Use of the Fourier transformable properties of lenses for signal spectrum analysis. In: J.T. TIPPETT et al. (eds.), Optical and electro-optical information processing. Cambridge, Mass.: M.I.T. Press 1965.
250. RATCLIFFE, J.A.: Some aspects of diffraction theory and their application to the ionosphere. In: A.C. STRICKLAND (ed.), Reports on progress in physics, vol. XIX. London: The Physical Society 1956.
251. RAYLEIGH, L.: On the passage of waves through apertures in plane screens and allied problems. Phil. Mag. **43**, 259 (1897).
252. REYNOLDS, G.O., SKINNER, T.J.: Mutual coherence function applied to imaging through a random medium. J. Opt. Soc. Am. **54**, 1302 (1964).
253. — MUELLER, P.F.: Image restoration by removal of random media distortions. J. Opt. Soc. Am. **56**, 1438A (1966).
254. — DeVELIS, J.B.: Hologram coherence effects. J. IEEE Trans. AP-15, 41 (1967).
255. RHODES, J.: Analysis and synthesis of optical images. Am. J. Phys. **21**, 337 (1953).
256. RIGLER, A.K.: Wavefront reconstruction by reflection. J. Opt. Soc. Am. **55** (12), 1693 (1965).
257. RIGDEN, J.D., GORDON, E.I.: The granularity of scattered optical laser light. Proc. IRE **50**, 2367 (1962).
258. ROGERS, G.L.: Gabor diffraction microscopy: the hologram as a generalized zone plate. Nature **166**, 237 (1950).
259. — Experiments in diffraction microscopy. Proc. Roy. Soc. Edinburgh A **63**, 193—221 (1950—1951).
260. — The black and white hologram. Nature **166**, 1027 (1950).
261. — Polarization effects in holography. J. Opt. Soc. Am. **56**, 831 (1966).
262. — Artificial holograms and astigmatism. Proc. Roy. Soc. Edinburgh A **63**, 313—325 (1951—1952).
263. — Two hologram methods in diffraction microscopy. Proc. Roy. Soc. Edinburgh A **64**, 209 (1954—1955).
264. — Phase-contrast holograms. J. Opt. Soc. Am. **55**, 1181 (1965).
265. — The design of experiments for recording and reconstructing three-dimensional objects in coherent light (holography). J. Sci. Instr. **43** (1966).
266. ROSE, H.W.: Effect of carrier frequency on quality of reconstructed wavefronts. J. Opt. Soc. Am. **55**, 1565—1566A (1965).
267. ROSEN, L.: Focused-image holography with extended sources. Appl. Phys. Letters **9** (9), 337 (1966).
268. — Holograms of the aerial image of a lens. Proc. IEEE **55**, 79 (1967).
269. — The pseudoscopic inversion of holograms. Proc. IEEE **55**, 118 (1967).
270. — CLARK, W.: Film plane holograms without external source reference beams. Appl. Phys. Letters **10** (5), 140 (1967).
271. ROTZ, F.B., FRIESEM, A.A.: Holograms with non-pseudoscopic real images. Appl. Phys. Letters **8** (6), 146; **8** (9), 240 (1966).
272. ROYER, H.: A contribution to the study of information in holography. Compt. Rend. **261**, 4003—4006 (1965).
273. RUBINOWICZ, A.: The Miyamoto-Wolf diffraction wave. In: Progress in optics (ed. E. WOLF), vol. 4. Amsterdam: North Holland Publishing Co. 1965.
274. RUSSO, V., SOTTINI, S.: Bleached holograms. Appl. Opt. **7**, 202 (1968).
275. SAKAI, H., VANASSE, G.A.: Hilbert transform in Fourier spectroscopy. J. Opt. Soc. Am. **56**, 131 (1966).
276. SILVER, S.: Microwave aperture antennas and diffraction theory. J. Opt. Soc. Am. **52**, 131 (1962).

277. SILVERMAN, B. A., THOMPSON, B. J., WARD, J.: A laser fog disdrometer. J. Appl. Meteorol. **3**, 792 (1964).

278. SHERMAN, G. C.: Reconstructed wave forms with large diffraction angles. J. Opt. Soc. Am. **57**, 1160 (1967).

279. SKINNER, T. J.: Energy considerations, propagation in a random medium and imaging in scalar coherence theory. Ph. D. Thesis, Boston University 1965.

280. SOMMERFELD, A.: Mathematische Theorie der Diffraction. Math. Ann. **47**, 317 (1896).

281. — Optics, lectures on theoretical physics, vol. IV. New York: Academic Press Inc. 1954.

282. SOROKO, L. M.: Uspecki fizitcheskick nauk. U. R. S. S. **90** (1) (1966).

283. STETSON, K. A., POWELL, R. L.: Hologram interferometry. J. Opt. Soc. Am. **56** (9), 1161 (sept. 1966).

284. — — Interferometric hologram evaluation and real-time vibration analysis of diffuse objects. J. Opt. Soc. Am. **55**, 1694—1695 (1965).

285. STROKE, G. W., FALCONER, D. G.: Attainment of high resolutions in wavefront-reconstruction imaging. Phys. Letters **13**, 306—309 (1964).

286. — — Attainment of high resolutions in wavefront-reconstruction imaging, II. J. Opt. Soc. Am. **55**, 595 A (1965).

287. — RESTRICK, R., FUNKHOUSER, A., BRUMM, D., GABOR, D.: Optical image synthesis (complex amplitude addition and subtraction) by holographic Fourier transformation. Phys. Letters **18** (2), 116—118 (1965).

288. — RESTRICK, R. C., III.: Holography with spatially non-coherent light. Appl. Phys. Letters **7**, 229 (1965).

289. — Lensless Fourier transform method for optical holography. Appl. Phys. Letters **6**, 201 (1965).

290. — Lensless photography. Int. Sci. Technol. No. 41, p. 52 (May 1965).

291. — White light reconstruction of holographic images. Phys. Letters **23**, 325 (1966).

292. — FALCONER, D. G.: Attainment of high resolutions in holography by multi-directional illumination and moving scatterers. Phys. Letters **15** (3), 238—240 (1965).

293. — LABEYRIE, A.: Two-beam inferometry by successive recording of intensities in a single hologram. Appl. Phys. Letters **8**, 42 (1966).

294. — ZECH, R. G.: White light reconstructions of color images from black and white volume holograms recorded on sheet film. Appl. Phys. Letters **9** (5), 215 (1966).

295. — WESTERVELT, F. H., ZECH, R. G.: Holographic synthesis of computer generated holograms. Proc. IEEE **55**, 109 (1967).

296. — BRUMM, D., FUNKHOUSER, A., LABEYRIE, A., RESTRICK, R.: On the absence of phase-recording or "twin-image" separation problems in "Gabor" (in-line) holography. Brit. J. Appl. Phys. **17**, 497 (1966).

297. — FUNKHOUSER, A., LEONARD, C., INDEBETOUW, G., ZECH, R. G.: Hand-Held holography. J. Opt. Soc. Am. **57**, 110 (1967).

298. — LABEYRIE, A. E.: White light reconstruction of holographic images using the Lippmann-Bragg diffraction effect. Phys. Letters **20** (4), 368—370 (1966).

299. — LABEYRIE, A.: Interferometric reconstruction of phase objects using diffuse coding and two holograms. Phys. Letters **20**, 157 (1966).

300. — An introduction to coherent optics and holography. New York and London: Academic Press, Inc. 1966.

301. TANNER, L. H.: Some applications of holography in fluid mechanics. J. Sci. Instr. **43**, 81 (1966); — The application of lasers to time-resolved flow visualization. J. Sci. Instr. **43**, 353 (1966); — On the holography of phase objects. J. Sci. Instr. **43**, 346 (1966).

302. THOMPSON, B. J.: Illustration of the phase change in two-beam interference with partially coherent light. J. Opt. Soc. Am. **48**, 95 (1958).

303. THOMPSON, B.J.: A new method of measuring particle size by diffraction techniques. Proceedings of the Conference on Photographic and Spectroscopic Optics, 1964. Japan. J. App. Phys. **4**, 302—307 (1965), Suppl. I.

304. — PARRENT, G.B., JUSTH, B., WARD, J.: A readout technique for the laser fog disdrometer. J. Appl. Meteorol. **5**, 343 (1966).

305. — Advantages and problems of coherence as applied to photographic situations. J. Soc. Photogr. Instr. Engrs. **4**, 7—11 (1965).

306. — WOLF, E.: Two-beam interference with partially coherent light. J. Opt. Soc. Am. **47**, 895 (1957).

307. — WARD, J.H., ZINKY, W.R.: Application of hologram techniques for particle size analysis. Appl. Opt. **6**, 519 (1967).

308. — PARRENT, G.B., JR.: Holography. Sci. J. **3** (1), 42 (1967).

309. THIRY, H.: Power spectrum of granularity as determined by diffraction. J. Phot. Sci. Eng. **11**, 69 (1963); — Some qualitative and quantitative results on spatial filtering or granularity. Appl. Opt. **3**, 39 (1964).

310. TIPPETT, J.T., et al. (eds.): Optical and electro-optical information processing. Cambridge, Mass.: The M.I.T. Press 1965.

311. TOLLIN, P., MAIN, P., ROSSMANN, M.G., STROKE, G.W., RESTRICK, R.C.: Holography and its crystallographic equivalent. Nature **209**, 603 (1966).

312. TRABKA, E.A., ROCTLING, P.G.: Image transformations for pattern recognition using incoherent illumination and bipolar aperture masks. J. Opt. Soc. Am. **54**, 1242 (1964).

313. TRICOLES, G., ROPE, E.L.: Wavefront reconstruction with centimeter waves. J. Opt. Soc. Am. **56**, 542A (1966).

315. TURIN, G.L.: An introduction to matched filters. IRE Trans. Inform. Theory IT-**6**, 311 (1960).

316. TYLER, G.L.: The bistatic, continuous-wave radar method for the study of planetary surfaces. J. Geophys. Res. **71**, 1559 (1966).

317. UPATNIEKS, J., VAN DER LUGT, A., LEITH, E.N.: Correction of lens aberrations by means of holograms. Appl. Opt. **5** (4), 589—593 (1966).

318. URBACH, J.C., MEIER, R.W.: Thermoplastic xerographic holography. Appl. Opt. **5** (4), 666—667 (1966).

319. — The role of screening in thermoplastic xerography. Symposium on Photography in Information Storage and Retrieval **10**, 287 (1966).

320. VAN DER LUGT, A.B.: Signal detection by complex spatial filtering. Radar Lab., Rept. No. 4594-22-T, Institute of science and technology, The University of Michigan, Ann Arbor 1963.

321. — Signal detection by complex spatial filtering. IEEE Trans. Inform. Theory IT-**10**, 2 (1964).

322. VAN DER LUGT, A., ROTZ, F.B., KLOOSTER, A., JR.: Character reading by optical spatial filtering. In: Optical and electro-optical information processing (eds. J.T. TIPPETT, D.A. BERKOWITZ, L.C. CLAPP, C.J. KŒSTER and A. VANDERBURGH, JR.), pp. 125—142. Cambridge, Mass.: MIT Press 1965.

323. — Appl. Phys. Letters **8** (2), 42 (1966).

324. — A review of optical data, processing techniques. Opt. Acta **15** (1), 1—33 (1968).

325. VAN HEERDEN, P.J.: A new optical method of storing and retrieving information. Appl. Opt. **2**, 387—391 (1963).

326. — Theory of Optical information storage in solids. Appl. Opt. **2**, 393—400 (1963).

327. VAN LIGTEN, R.F.: Influence of photographic film on wavefront reconstruction. I. Plane wavefronts. J. Opt. Soc. Am. **56**, 1 (1966).

328. — Influence of photographic film on wavefront reconstruction. II. Cylindrical wavefronts. J. Opt. Soc. Am. **56**, 1009 (1966).

329. — OSTERBERG, H.: Holographic microscopy. Nature **211**, 282—283 (1966).

330. VIENOT, J. CH., BULABOIS, J.: Filtrage par hologramme d'un signal optique complexe; application au recalage des cartes de radar. Revue opt. **44** (12), 621 (1965).

331. — MONNERET, J.: Application de l'holographie au contraste de phase et à la strioscopie. Compt. Rend. **262**B, 671 (1966).

332. — BULABOIS, Y.: Différenciation spectrale et filtrage par hologramme de signaux optiques faiblement décorrélés. Opt. Acta **14** (1), 57—70 (1967).

333. — FROEHLY, C., MONNERET, J., PASTEUR, J.: Hologram interferometry surface displacement fringe analysis as an approach to the study of mechanical strains and other applications to the determination of anisotropy in transparent objects. Comm. vorgetragen zum Symposium on the Engineering Uses of Holography, Glasgow, 17—20 sept. 1968 und Kongreßberichte.

334. — — — — Étude des faibles déplacements d'objets opaques et de la distorsion optique dans les lasers à solide par interférométrie holographique. Comm. vorgetragen zum Symposium on Applications of Coherent Light, Florence, 23—27 sept. 1968, wird in Opt. Acta veröffentlicht.

335. — PERRIN, G.: Transmission des hologrammes au moyen d'une chaîne de télévision. Compt. Rend. **267**B, 1137 (nov. 1968).

336. — MONNERET, J.: Interférométrie et photoélasticimétrie holographiques. Rev. opt. **46** (2), 75 (1967).

337. — ROYER, J., SMIGIELSKI, P.: Holographie, applications. Paris: Dunod 1969.

338. VOGL, T. P., RIGLER, A. K.: Some techniques for increasing the brightness and angular coverage of wavefront reconstructions. J. Opt. Soc. Am. **55**, 1566 (1965).

339. WALTERS, A.: The question of phase retrieval in optics. Opt. Acta (1), 41 (1963).

340. WARD, J. H., THOMPSON, B. J.: In-line hologram system for bubble chamber recording. J. Opt. Soc. Am. **57**, 275 (1967).

342. WELFORD, W. T.: Obtaining increased focal depth in bubble chamber photography by an application of the hologram principle. Appl. Opt. **5** (5), 872 (1966).

343. WINTHROP, J. T., WORTHINGTON, C. R.: X-Ray microscopy by successive Fourier transformation. Phys. Letters **15**, 124—126 (1965).

344. — — Convolution formulation of Fresnel diffraction. J. Opt. Soc. Am. **56**, 588 (1966); — Fresnel transform representation of holograms and hologram classification. J. Opt. Soc. Am. **56**, 1362 (1966).

345. WOLF, E., MARCHAND, E. W.: Comparison of the Kirchhoff and the Rayleigh-Sommerfeld theories of diffraction at an aperture. J. Opt. Soc. Am. **54**, 587 (1964).

346. WORTHINGTON, H. R., JR.: Production of holograms with incoherent illumination. J. Opt. Soc. Am. **56**, 1397 (1966).

347. YOUNG, N. O.: Photography without lenses or mirrors. Sky and Telescope **25**, 8—9 (1963).

348. ZERNIKE, F.: Phasenkontrastverfahren bei der mikroskopischen Beobachtung. Z. Tech. Phys. **16**, 454 (1935).

Weitere Literatur, die zur Vertiefung des Themas herangezogen wurde

ABRAMSON, N.: The holo-diagram II: a practical device for information retrieval in hologram interferometry. Appl. Opt. **9**, 97 (1970).

ADEM, M., BISMUTH, G.: Inscriptions holographiques dans des couches minces de semiconducteurs amorphes. Optics Comm. **3**, 234 (1971).

ARMITAGE, J. D., LOHMANN, A. W.: Author's reply. Appl. Opt. **4**, 1666 (1965).

BAUER, A., FONTANEL, A., GRAU, G.: The application of optical filtering in coherent light to the study of aerial photographs of Greenland glaciers. J. Glaciol. **6**, 48 (1967).

BEDARIDA, F., PONTIGGIA, C.: An application of holography in reflexion microscopy. Acta Cryst. A **24**, Part 6 (nov. 1968).

Bibliographie

BELLAMY, J.C., OSTROWSKY, D., POINDRON, M., SPITZ, E.: Insitu double exposure interferometry using photoconductive thermoplastic film. Appl. Opt. **10**, No. 6 (1971).
BILLINGSLEY, F.C.: Applications of digital image processing. Appl. Opt. **9**, 289 (1970).
BRYNGDAHL, O., LOHMANN, A.: Nonlinear effects in holography. J. Opt. Soc. Am. **58**, 1325 (1968).
— — Interferograms are image holograms. J. Opt. Soc. Am. **58**, 141 (1968).
— — Single-sideband holography. J. Opt. Soc. Am. **58**, 620 (1968).
— — One-dimensional holography with spatially incoherent light. J. Opt. Soc. Am. **58**, 625 (1968).
— — Holographic penetration of an inhomogeneous medium. J. Opt. Soc. Am. **59**, 1245 (1969).
— — Holographic compensation of motion blur by shutter modulation. J. Opt. Soc. Am. **59**, 1175 (1969).
— — Variable magnification in incoherent holography. Appl. Opt. **9**, 231 (1970).
— — Holography in white light. J. Opt. Soc. Am. **60**, 281 (1970).
BURCH, J.M., GATES, J.W., HALL, R.G.N., TANNER, L.H.: Holography with a scatter plate as beam splitter and a pulsed ruby laser as light source. Nature **212**, No. 5068, 1347 (1966).
BURCKHARDT, C.B.: Storage capacity of an optically formed spatial filter for character recognition. Appl. Opt. **6**, 1359 (1967).
— Use of random phase mask for the recording of Fourier transform hologram of data masks. Appl. Opt. **9**, 695 (1970).
CATHEY, W.T., JR.: Multiple frequency wavefront recording. Opt. Acta **15**, No. 81, 35 (1968).
CAULFIELD, H.J.: Wavefront multiplexing by holography. Appl. Opt. **9**, 1218 (1970).
— MALONEY, W.T.: Improved discrimination in optical character recognition. Appl. Opt. **8**, 2354 (1969).
CLAIR, J.J., FRANÇON, M., KVAPIL, J., MONDAL, P.K.: Fourier hologram synthesis using birefringent elements. Optics Comm. **2**, No. 4 (1970).
— — — — Generation of periodic amplitude and phase filters. Appl. Opt. **9**, No. 11 (1970).
— — LAUDE, J.P.: Lentilles «kinoform» obtenues par interférométrie. Compt. Rend. Sér. B **270**, 1600 (1970).
CLIFFORD, K.I., WALDMAN, G.S.: Comments on zone plate theory based on holography. Appl. Opt. **6**, 1415 (1967).
DE, M., LOHMANN, A.W.: Signal detection by correlation of Fresnel diffraction patterns. Appl. Opt. **6**, 2171 (1967).
DEBRUS, S., FRANÇON, M., MAY, M.: Use of Gabor holography to produce interference phenomena. Optics Comm. **1**, No. 5 (1969).
— — — Some experiments in holographic interferometry. J. Appl. Phys. (Japan) **39**, No. 10 (1970).
DECKER, J.A., JR.: Hadamard-transform image scanning. Appl. Opt. **9**, 1392 (1970).
DIMEFF, J.: The role of optics in research at Ames Research Center. Appl. Opt. **9**, 245 (1970).
DOHI, T., SUZUKI, T.: Interferometric spectroscopy using beat technique. J. Opt. Soc. Am. **59**, 1248 (1969).
ENNOS, A.E.: Measurement of in-plane surface strain by hologram interferometry. J. Sci. Instr., Sér. 2, **1**, 731 (1968).
FOURNIER, J.M., VIENOT, J.C.: Fourier transform holograms used as matched-filters in hebraic paleography. Symposium of engineering applications of lasers, Tel-Aviv 1970.
FROEHLY, C., MONNERET, J., PASTEUR, J., VIENOT, J.CH.: Étude des faibles déplacements d'objets opaques et de la distorsion optique dans les lasers à solide par interférométrie holographique. Opt. Acta **16**, 343 (1969).

148

GOODMAN, J. W.: Synthetic-aperture optics. In: Progress in optics (ed. E. WOLF), vol. 3. Amsterdam: North-Holland Publishing Co. 1970.

GROGH, G., LINDE, R.: Real time input in optical systems for pattern recognition or data storage using the titus tube. Symposium sur les applications de l'holographie, Besançon, France, 1970.

— MARIE, G.: Information imput in an optical pattern recognition system using a relay tube based on the Pockels effect. Optics Comm. 2, 133 (1970).

HARLY, T. S., JR.: Comments on a paper by J. D. Armitage and A. W. Lohmann. Appl. Opt. 4, 1666 (1965).

HOFFMAN, A. S.: Optical information storage in three-dimensional media using the Lippmann technique. Appl. Opt. 7, 1949 (1968).

HORMAN, M. H.: Reply to comments on zone plate theory based on holography. Appl. Opt. 6, 1415 (1967).

— CHAU, H. H. M.: Zone plate theory based on holography. Appl. Opt. 6, 317 (1967).

KATO, M., SUZUKI, T.: Fourier transform holograms by Fresnel zone plate achromatic fringe interferometer. J. Opt. Soc. Am. 59, 303 (1969).

KIRK, J. P., JONES, A. L.: Analysis of a phase-only complex-valued spatial filter. IBM Technical Report, Juillet 6, 1970.

KOZMA, A., MASSEY, N.: Bias level reduction of incoherent holograms. Appl. Opt. 8, 393 (1969).

LOHMANN, A. W.: Matched filtering with self-luminous objects. Appl. Opt. 7, 561 (1968).

— PARIS, D. P.: Variable Fresnel zone pattern. Appl. Opt. 6, 1567 (1967).

LOWENTHAL, S., SERRES, J., ARSENAULT, H.: Resolution and film grain noise in Fourier transform holograms recorded with coherent or spatially incoherent light. Optics Comm. 1, No. 9 (1970).

MAY, M.: Méthode holographique de mesure de la fonction de transfert des instruments d'optique. Opt. Acta 16, 569 (1969).

MILDER, D. M., WELLS, W. H.: Acoustic holography with crossed linear arrays. IBM J. Res. Develop. 14, 492 (1970).

MIRANDE, W., WEINGARTNER, I., MENZEL, E.: Compensation for aberrations in partially coherent image holography. Optics Comm. 1, No. 7 (1970).

MIYAMOTO, K.: The phase Fresnel lens. J. Opt. Soc. Am. 51, No. 1, 17 (1961).

MUELLER, P. F.: Linear multiple image storage. Appl. Opt. 8, 267 (1969).

NISIDA, M., SAITO, H., SAWA, Y.: Application of interferometric method to three-dimensional stress analysis. Sci. Papers Inst. Phys. Chem. Res. (Saitama) 63, No. 2, 25 (1969).

PASTOR, J., EVANS, G. E., HARRIS, J. S.: Hologram interferomatry—a geometrical approach. Opt. Acta 17, No. 2, 81 (1970).

PELZER-BAWIN, G., LAMOTTE, F. DE: Interpretation geometrique de l'holographie — Applications en photoelasticimétrie. Laboratoire de photoélasticimétrie, Université de Liège.

PENNINGTON, K. S., WILL, P. M., SHELTON, G. L.: Grid coding: a technique for extraction of differences from scenes. Optics Comm. 2, No. 3 (1970).

PERNICK, B. J., REICH, A.: A holographic system for large time-bandwith product multichannel spectral analysis. Appl. Opt. 9, 229 (1970).

PISTOL'KORS, A. A.: Contribution a la theorie du microscope holographique. Dokl. Akad. Nauk SSSR 176, 816 (1967).

ROBERTSON, E. R., HARVEY, J. M.: The engineering uses of holography. London: Cambridge University Press 1970.

SHERIDON, N. K.: Production of blazed holograms. Appl. Phys. Letters 12, 316 (1968).

SHIOTAKE, N., TSURUTA, T., ITOH, Y., TSUJIUCHI, J., TAKEYA, T., MATSUDA, K.: Holographic generation of coutour map of diffusely reflecting surface by using immersion method. Jap. J. Appl. Phys. 7, No. 8 (1968).

SMITH, H. M.: Photographic relief images. J. Opt. Soc. Am. 58, 533 (1968).

Bibliographie

SOM, S.C., LESSARD, R.A.: Holographic multiplexing by use of Fresnel holograms. Optics Comm. **2**, 259 (1970).
— — Multiplex Fourier transform holography. Optics Comm. **2**, 128 (1970).
SOROKO, L.M.: Holography and interference processing of information. Soviet Phys.-Usp. **9**, 643 (1967).
SPITZ, E.: Reconstitution holographique des objets à travers un milieu diffusant en mouvement. Compt. Rend. **264**, 1449 (1967).
— Stockage optique d'informations. Symposium Internat. d'Optique Cohérente, Besançon (1970).
STEEL, W.H.: Fringe localization and visibility in classical hologram interferometers. Opt. Acta **17**, 873 (1970).
STROKE, G.W.: High-resolution holographic image deblurring methods. State University of New York, Stony Brook, N.Y. 11790.
SURGET, J.: Application de l'interférométrie holographique à l'étude des déformations des corps transparents. Rech. Aérospat. No. 3 (1970).
— CHATRIOT, J.: Cinematographie ultra rapide d'interférogrammes holographiques. Rech. Aérospat. No. 132 (1969).
SUZUKI, T., MINO, M., SHINODA, G.: Image of the optical grating modulated by the signal and its application to the measurement of strain distribution. Appl. Opt. **3**, No. 7 (1964).
TANNER, L.H.: A study of fringe clarity in laser interferometry and holography. J. Sci. Instr., Sér. 2, **1**, 517 (1968).
— Three-beam holography with scatter plates. J. Sci. Instr., Sér. 2, **2**, 288 (1969).
TSUJIUCHI, J., TAKEYA, N., MATSUDA, K.: Mesure de la déformation d'un objet par interférométrie holographique. Opt. Acta **16**, 709 (1969).
TSURUTA, T., ITOH, Y.: Image correction using holography. Appl. Opt. **7**, No. 10 (1968).
— — Interferometric generation counter lines on opaque objects. Optics Comm. **1**, No. 1 (1969).
— SHIOTAKE, N., ITOH, Y.: Formation and localization of holographically produced interference fringes. Opt. Acta **16**, 723 (1969).
— — — Hologram interferometry using two reference beams. Jap. J. Appl. Phys. **7**, No. 9 (1968).
VELZEL, C.H.F.: Small phase differences in holographic interferometry. Optics Commun. **2**, 289 (1970).
VLAD, V.I.: Obtaining and transmitting real-time holograms — Comitetul pentru energia nucleara. Institutul de Fizica Atomica, Bucharest, P.O.B. 35, Romania.
— An operational model of holographic imaging and its applications in optical processing of information. Comitetul Pentru Energia Nucleara, Institutul de Fizica Atomica, E.R. 3. 1970.
WEINGARTNER, I., MIRANDE, W.: Holography with partially coherent illumination. Phys. Letters **28**A, No. 9 (1969).
— — MENZEL, E.: Enhancement of resolution in electron microscopy by image holography. Optik **30**, 318 (1969).
— — — Holographie bei Teilkohärenz. I. Fresnel Holographie. Optik, Sonderabdruck **29**, 87—104 (1969).
— — — Holographie bei Teilkohärenz. II. Fourier Holographie. Optik, Sonderabdruck **29**, 537—548 (1969).
WINTHROP, J.T.: Structural information storage in holograms. IBM J. Res. Develop. **14**, 501 (1970).
YOKOZEKI, S., SUZUKI, T.: Use of diffraction grating in the illuminating system of the in-line holography. Japan. J. Appl. Phys. **9**, 420 (1970).
YU, F.T.S.: Image restoration, uncertainty and information. Appl. Opt. **8**, 53 (1969).

150

Literaturhinweise auf die Synthese der Hologramme und der Filter

1965   KOZMA, A., KELLY, D. L.: Spatial filtering for detection of signals submerged in noise. Appl. Opt. **4**, 381 (1965).

1966   BROWN, B. R., LOHMANN, A. W.: Complex spatial filtering with binary masks. Appl. Opt. **5**, 967 (1966).
HUANG, T. S., PRASAD, B.: Considerations on the generation and processing of holograms by digital computers. MIT Research Lab. of Elect. Quar. Prog. Rep. **81**, 199 (1966).
SPITZ, E., WERTS, A.: Reconstitution dans l'espace d'une courbe enregistrée par deplacement d'un point lumineux. C. R. Acad. Sci. (Paris) **262**, 758—760 (1966).
WATERS, J. P.: Holographic image synthesis utilizing theoretical methods. Appl. Physics Letters **9**, No. 11, 405 (1966).

1967   CHUTJIAN, A., COLLTER, R. J.: Recording and reconstruting three-dimensional images of computer-generated subjects by Lippman integral photography. J. O. S. A. **57**, 1405 (1967).
COOLEY, J. W., TUKEY, J. W.: An algorithm for the machine calculation of complex Fourier series. Mathematics of Computation **19**, 297 (1967).
LESEM, L. B., HIRSCH, P. M., JORDAN, J. A., Jr.: Holographic display of digital images. Proceedings Fall Joint Computer Conference, vol. 41. New York: Spartan Books 1967.
— — — Computer synthesis of large scale holograms. J. O. S. A. **57**, 1406 (1967).
— — — Computer generation and reconstruction of holograms. Proceedings of Symposium on Modern Optics. New York: Polytechnic Institute of Brooklyn 1967.
LOHMANN, A. W., PARIS, D. P.: Binary Fraunhofer holograms generated by computer. Appl. Opt. **6**, 1739 (1967).
— — WERLICK, H. W.: A computer generated spatial filter applied to code translation. Appl. Opt. **6**, 1139 (1967).
— WERLICK, H. W.: Holographic production of spatial filters for code translation and image restoration. Phys. Letters **25A**, No. 8, 570 (1967).
MEYER, A. J., HICKLING, R.: Holograms created via a computer-driven cathode ray tube. J. O. S. A. **57**, 1388 (1967).
STROKE, G. W.: Holography steps into new fields. Sci. Research **41** (1967).
— A reformulated general theory of holography. Proceedings of the Symposium on Modern Optics. New York: Polytechnic Institute of Brooklyn 1967.
TRICOLES, G., ROPE, E. L.: Reconstructions of visible images from reduced-scale replicas of microwave holograms. J. O. S. A. **57**, No. 1 (1967).

1968   CONGER, R. L., LONG, L. T., PARKS, J. A.: Synthesis of Fresnel diffraction patterns by overlapping zone plates. Appl. Opt. **7**, 623 (1968).
GROGH, G.: Multiple imaging by means of point holograms. App. Opt. **7**, 1643 (1968).
LESEM, L. B., HIRSCH, P. M., JORDAN, J. A., Jr.: Generation of discrete point holograms. J. O. S. A. **58**, 729 A (1968).
— — — Digital holograms and kinoforms: phase shaping objects. IBM Publication 320.2348 (1968).
— — — Computer synthesis of holograms for 3 D display. IBM Publication 320.2327 (1968).
LOHMANN, A. W., PARIS, D. P.: Computer generated spatial filters for coherent optical data processing. Appl. Opt. **7**, 651 (1968).

LA MACCHIA, J.T., WHITE, D.L.: Coded multiple exposure holograms. Appl. Opt. **7**, 91 (1968).

SIEMENS-WAPNIARSKI, W.J., PARKER GIVENS, M.: The experimental production of synthetic holograms. Appl. Opt. **7**, 535 (1968).

WATERS, J.P.: Three dimensional Fourier-transform method for synthezing binary holograms. J.O.S.A. **58**, No. 9, 1284 (1968).

1969   BROWN, B.R., LOHMANN, A.W.: Computer-generated binary holograms. IBM Journal of Research and development. **13**, 160 (1969).

LESEM, L.B., HIRSCH, P.M., JORDAN, J.A., Jr.: The kinoform: a new wavefront reconstruction device. IBM Journal of Research and development **13**, No. 2, 150 (1969).

— — — PATAU, J.C.: Incoherent filtering using kinoforms. IBM Publication 320.2374 (1969).

ICHIOKA, Y., IZUMI, M., SUZUKI, T.: Halftone plotter and its application to digital optical information processing. Appl. Opt. **8**, 2461 (1969).

ROSENFELD, A.: Picture processing by computer. Academic Press 1969.

WATERS, J.P., MICHAEL, F.: High resolution images from CRT-generated synthetic holograms. Appl. Opt. **8**, 714 (1969).

1970   BERNY, J.G.: Description d'une imprimante électrooptique. Symposium sur les applications de l'holographie, Besançon, France, 1970.

BRUEL, A., CAZAUX, J.C.: Calcul digital d'hologrammes — Lentilles generées par calculateur. Nouv. Rev. d'Opt. Appl. **1**, No. 5, 325 (1970).

BURCKHARDT, C.B.: Amplification of Lee's method of generating holograms by computer. Appl. Opt. **9**, 1949 (1970).

CATHEY, W.T., Jr.: Phase holograms, phase-only holograms and kinoforms. Appl. Opt. **9**, 1478 (1970).

CAULFIELD, H.J., LU, S.: The applications of holography. New York: John Wiley 1970.

CLAIR, J.J., FRANÇON, M., KVAPIL, J., MONDAL, P.K.: Fourier hologram synthesis using birefringent elements. Optics Comm. **2**, No. 4, sept. (1970).

— — LAUDE, J.P.: Lentilles «kinoform» obtenues par interférométrie. C.R.A.S. Paris, **270**, 1600 (1970).

GABEL, R.A., LIU, B.: Miniurization of reconstruction errors with computer generated binary holograms. Appl. Opt. **9**, 1180 (1970).

JORDAN, J.A., Jr., HIRSCH, P.M., LESEM, L.B., VAN ROY, D.L.: Kinoform lenses. Appl. Opt. **9**, 1883 (1970).

KING, M.C., NOLL, A.M., BERRY, D.H.: A new approach to computer-generated holography. Appl. Opt. **9**, 471 (1970).

LANZL, F., REUTER, B., WAIDELICH, W.: Computer reconstruction of spectroscopic holograms. Symposium sur les applications de l'holographie, Besançon, France, 1970.

LEE, W.H.: Sampled Fourier transform hologram generated by computer. Appl. Opt. **9**, No. 3, 639 (1970).

PALAIS, J.C.: Scanned beam holography. Appl. Opt. **9**, 709 (1970).

PATAU, J.J., LESEM, L.B., HIRSCH, P.M., JORDAN, J.A., Jr.: Incoherent filtering using kinoforms. IBM journal of research and development **14**, No. 5, 491 (1970).

1971   ICHIOKA, Y., IZUMI, M., SUZUKI, T.: Scanning halftone plotter and computer-generated continuous-tone hologram. Appl. Opt. **10**, No. 2, 403 (1971).

MAC GOVERN, A.J., WYANT, J.C.: Computer generated holograms for testing optical elements. Appl. Opt. **10**, No. 3, 619 (1971).

Sachverzeichnis

Sachverzeichnis